U0186566

斜阳入庭时

斜陽が庭に射す頃

WHEN THE EVENING SUN SHINES ON THE GARDEN

伊东忠太
室生犀星
芥川龙之介 等 著

钟小源 译

CNS PUBLISHING & MEDIA 中南出版传媒
湖南文艺出版社
HUNAN LITERATURE AND ART PUBLISHING HOUSE

高野町

《高野町之樱》，三木翠山绘

高野山是1200年前弘法大师所开创的密宗真言修行道场，这里仍有117座寺院及52间宿坊，各家宿坊里都植有樱树。虽然高野山并不以赏花著称，高野山之樱却与寺庙颇为相称，别有一番出世的风味。

《上野清水堂》，土屋光逸绘

上野公园

《上野公园》，土屋光逸绘

忍之冈亘其东北，一山皆樱树，矗矗松杉交翠。不忍池匝其西南，满湖悉芙蓉，袅袅杨柳罩绿。云山烟水实占双美之地，风花雪月，优钟四时之胜，是为东京上野公园，其胜景既难多得。况此盛都在红尘之中，并具此秀灵之境，所谓锦上添花者，盖亦绝无仅有者。

——箕作秋坪《小西湖佳话》

不忍池

《夜晚的不忍池畔》，川瀬巴水绘

《上野不忍池》，土屋光逸绘

一卧茅堂筱水阴，长裾休曳此萧森。
连城报璞多时泣，通邑传书百岁心。
向木林鸟无数黑，历年江树自然深。
人情湖海空迢递，客迹天涯奈滞淫。

——服部南郭《南郭文集》

上野

过去这条沟渠上有很多小桥，如月见桥和雪见桥，但现在这些昔日的场景只存在于小林清亲的风景版画之中了。

在这一时期描写上野风景的诗词散文中，几乎没有不提及数寄屋町妓院的，而小林清亲在不忍池雪景中加入艺伎也绝非偶然。

——永井荷风

《上野谷中汤岛御徒町》，小林清亲绘

松江

《松江大桥》，织田一磨绘

《松江胧月》，川濑巴水绘

我很高兴自己在松江的每一条河流上都能发现值得自己喜爱的桥梁。而在发现其中有两三座桥梁的主要装饰还是古日本版画家在创作中经常使用的青铜拟宝珠之后，我对这些桥梁也爱得更深了。

——芥川龙之介

金阁寺

《京都金阁寺》，土屋光逸绘

《金阁寺的雪》，三木翠山绘

鹿苑寺，又名金阁寺，是一座建成于1397年（应永四年）的日本佛寺，位于京都府京都市北区，为临济宗相国寺派的寺院，其名称源自日本室町时代著名的足利氏第三代幕府将军足利义满之法名，又因为寺内核心建筑“舍利殿”的外墙全是以金箔装饰，所以又被称为“金阁寺”。

法隆寺

法隆寺，又称斑鸠寺，位于日本奈良县生驹郡斑鸠町，是圣德太子于飞鸟时代建造的佛教木结构寺院。据传始建于607年，但精确年代无从考证。法隆寺占地面积约18.7万平方米，寺内保存有大量自飞鸟时代以来陆续累积、被日本政府指定为国宝、重要文化财产的建筑及文物珍宝。

《奈良法隆寺》，川濑巴水绘

名古屋城

《名古屋城》，川濑巴水绘

名古屋城由德川家康下令建造，除了拥有号称日本历史上最大建筑面积的大天守[1]、绚丽豪华的本丸御殿外，还具备加固防守的要塞功能，是日本三大名城之一。1945年，名古屋城在名古屋大空袭中被烧毁，现时城堡范围为名城公园。

1 天守：日本城堡中最高、最主要，也是最具代表性的部分，具有瞭望、指挥的功能。

大阪城

实际上见过大阪城的人无不对城中巨石目瞪口呆。我想哪怕是山中的巨岩也不能给我们带来同等的惊叹，因为我们所叹的并非巨石的分量，而是能够将巨石从山中运到大阪，并将其巧妙地运用于石墙之中的伟大力量。

——和辻哲郎

《大阪城》，吉田博绘

1

山寺之春

北原白秋

一

偶尔去山里的寺庙看看吧
那里梅花初绽，结着白露
或将梅枝探进我房间
或与外面的新竹结伴

二

春天到了，传肇寺[1]的老木绽满新花
四处明亮，山间带着静谧
山寺桃花盛开，红白桃枝多被剪下，
用作商品以充寺庙生计

三

寺院一隅，老妪二人略显寂寞
眺望着花瓣所向的天空

[1] 传肇寺：位于日本小田原市，属净土宗。

四

此前进出此寺，山茶红烂漫，今已凋落山门边

子拾山茶花，妻随其后静静守望，何其温馨

五

今年春天去了巡礼法会

方丈如往常一般慌慌张张

春天日长，法会的老妪们只管念佛

山间樱花绚烂

六

现时梅果尚小，细雨绵绵，寺院微寒

和尚观花不知踪迹，孩童看家远望春雨

山寺春意正浓，秋田款冬的大叶子上雨滴声点点

七

从大和路赏花归来已有三四日

因旅途余韵而久久不能平静的和尚挖起了竹笋

不知从何时开始，栗木树梢旁的高大榧树也绽出了花朵

八

山寺以庭为田，种下马铃薯，等待秋天

小矮鸡食尽白芥子之芽、叶、茎，一再驱赶终又复来

九

半开之窗上小猫栖身，寺中树木与障子上洒满阳光
此间寺庙很少为人主持葬礼，境内的紫荆花在不知不觉中形色消退，徒留繁茂的叶子

十

杉花又谢，偶经打扫的坟墓边泥土湿润
今早一看，功德水中的杉树花瓣浮浮沉沉

十一

墓地后驮着粪桶的马打着喷嚏，一旁的五倍子[2]结成了肥硕的花房
小飞蝗在由白木做成的卒塔婆[3]边跳来跳去，不时地振动着自己新绿的翅膀

2 五倍子：又名百虫仓、百药煎、棓子，药材，可以治疗多种疾病。
3 卒塔婆：简称塔婆，也称板塔婆，一般指为了追善供奉，写经文或题字，立在墓后的塔形竖长木片。

目录

第一辑※本义 001

我认为大多数人明知何为善却无法将其实现，渴望美却不知该如何表达，所以他们所盖的房屋才总是充满缺陷，并且他们还要强忍不愉快，生活在这个充满缺陷的房屋里。

03

第二辑※见闻

这是一座和谐的庭园，地面被白沙覆盖，石与石之间长满了一株株杜鹃花，除了美之外我找不到其他词来形容眼前的景象。而庙堂焦茶色的斜屋顶与漂亮的瓦片相映成趣，看起来庄严无比。

04

第三辑※旧 事

能一如既往地包容我的，只有春天荫翳复杂的绵绵山峰、远近的森林、以缓缓起伏延伸至地平线的耕地，以及有候鸟翱翔，被夕阳染红的天空。

05

第四辑※怀古 169

在这样荒凉的场景中，人类转瞬即逝的成就显得一文不值，这是多么令人沉痛的景象啊。它是自然对人类工作的肯定，同时也是否定。怀揣着对自然的敬畏，我静静地闭上了双眼。

第一辑※本义

屋才总是充满缺陷并且他们还要强忍不愉快，生活在这个充满缺陷的房屋里。

我认为大多数人明知何为善却无法将其实现，渴望美却不知该如何表达，所以他们所盖的房

建筑的本义——

伊东忠太

安心吃你喜欢吃的食物，

你就能得到滋养；

安心住你心仪的房子，

你就会获得幸福。

最近一段时间，有人向我提出了一个难题——“建筑的本义是什么？”这着实让我头疼不已。但这也说明这几年世人对待建筑的态度认真起来了，说明他们准备在彻底解决建筑的根本含义问题之后，以此为出发点考虑建筑的兴造。单就这一点，我本人不禁感到由衷的欢喜。

然而，实际上因为这个问题属于哲学的范畴，所以它并不是这么好解决的。自古以来，众多建筑家、思想家、学者、艺术家等各界人士都就此问题进行了深入的探讨，但至今还没人能够提出一个具体而彻底的定论，恐怕这定论今后也永远不会成立。如果建筑的根本含义问题无法解决，那么人们也理应造不出真正的建筑，那是不是意味着世间几乎所有的建筑都不属于真正的建筑呢？实际上人们也没有严苛到如此地步。虽然这个问题应当交由专家进行研究，但在此我想避开深奥的哲学讨论，极为通俗地谈一谈我个人对此问题的一些看法。

首先，让我们来看一看建筑最重要的功能之一——“居住”。我发现人的住和食非常相似。面对食之本义问题时，哪怕我们滔滔不绝地讲解生理卫生的原理也是毫无意义的，这是因为虽然人的进食都是为了获取营养，但实际上根本没有人会去一一在意食物的营养如何，人们进食的第一目的是为了品尝美味。但由于美味的食物同时又大多富有营养，于是人们就在上天的巧妙安排下既尝到了美味，又在不知不觉中摄取了营养。然而当面对“哪种食物适合人类”这类具体的问题时，我们又很难给出答案。首先，地区不同，人们关于“适食”的标准也各不相同。其次，就算在同一地区，“适食”的标准也会随着人们的年龄而发生变化。哪怕地区和年龄都相同，不同体质、不同职业的人对食物的选择也不尽相同。不仅如此，每个人还有他独自的喜好，甲喜欢的东西乙可能不喜欢，这就是所谓的萝卜青菜各有所爱。除此之外，既有人因其个人经济状况而不得不靠粗恶之食维生，也有人每天都不得不进食过量的佳肴。毕竟人各不同，就算我们大谈食之本义，食之理想，但它们对我们的实际饮食生活也起不到什么太大的帮助。比起那些泛泛而谈的本义或理想，“尽量适度品尝美味”才是最为简单明了的标语。而在建筑或住宅方面也是如此，我们最后能得出的结论就是“尽量建造善美之建筑”。但这时也许会有人反问道：“善美又是什么呢？”——这和我们刚才所说的食的问题非常相似，如果我们把它套用到建筑上，那么“善”就是科学条件的完备，“美”就是艺术条件的完备。而实际上，由于土地状态、风土人情、居住者的身份、境遇、兴趣、癖好、资产、家人和职业等其他种种因素会相互介入、相互影响，所以我们终究无法用单纯的理论一次性将它们全部概括。我认为大多数人明知何为善却无法将其实现，渴望美却不知该如何表达，所以他们所盖的房屋才总是充满缺陷，并且他们还要强忍不愉快，生活在这个充满缺陷的房屋里。

说建筑的本义在于“善美”只不过是我目前的想法。而在别人看来，建筑的本义可能是“便宜且结实”，也可能是“美”，还可能是“实”，所谓仁者见仁，智者见智，我们很难从中分清孰对孰错。人的心理状态各不相同，而人的心理又会随着人的境遇发生变化，所以如果我们以自己的一时心理为标准而否定他人的一时心理，恐怕会有陷入谬妄之虞。

话虽如此，现在人们关于建筑的本义或理想存在各种争执和议论也着实是一件好事。建筑界中每时每刻都要有这样的学术风波，否则等待它的就只有沉滞和腐败。偶尔最好还要有一些学术的惊涛骇浪或学术的狂风暴雨，但这并不意味着我唯恐天下不乱，我只是希望这些风风雨雨能净化建筑界的空气。除了建筑家之外，不断向建筑界提出问题、展开议论的一般人士也极为重要。即使其议论有些脱离常轨也无伤大雅。与此同时，如果人们能将其议论的内容做成具体的建筑物就更好不过了，即便它可能有些缺憾也不成问题。问题在于每个人所吐露出的观点能给建筑的根本含义问题带来怎样的暗示或贡献。

建筑的本义问题是永远的悬案。我并不期望这个问题能够立刻得到解决，但我希望只要建筑还存在于世，人们对建筑本义的探究和议论就永远也不要停歇。哪怕今天建筑的本义问题得不到解决也不必太过担忧，安心吃你喜欢吃的食物，你就能得到滋养；安心住你心仪的房子，你就会获得幸福。

日本的庭园——

室生犀星

庭园是日本的脸面，

哪怕在贫瘠而狭小的庭园中，

你也照常能够窥见日本的肉身。

庭园是纯日本美的最高形式。造庭师们会将其智慧和教养都埋藏在土里，不让任何人察觉。小堀远州和梦窗国师[1]等人是专门研究庭园的学者。而在那些名不见经传的市井造庭师历经辛苦做出的庭园中往往也埋藏着教养。

一个造庭师不仅要了解陶器、绘画、雕刻和纺织品，还要了解料理、木材、茶道、香道乃至于所有与庭园有关的事物。而在精神方面，造庭师需要具有比所有人都敏锐的感官，绝佳的品位和深刻的内涵。也就是说只有完美之人才能完全融入自己的庭园当中，一个造庭师至少要在掌握所有必修知识之后，他才能获得随心摆弄庭园的从容。他既要有如同钢铁般健康的心态，又要有能够醉心于路边野花的诗人柔情。在布局时，无论面对的是需要动用十人之力才可移动的巨石，还是可以把玩于指尖的小石子，他都不会有丝毫的马虎，而是时刻以追求完美为目标全力以赴。在造庭的世界里，最忌讳的词就是“凑合”或“差不

1◎梦窗国师（1275—1351）：镰仓时代末期至南北朝时代、室町时代初期的临济宗僧人、造庭家、诗人和歌人。

多”，一旦开始造庭，那么你就没有退路了。所以很多造庭师最后钱财散尽，只能蜷缩于市井的陋居之中。

赏庭的时机也尤为重要，有的庭园适合在早上看，有的庭园则要在斜阳之下才会更具风采，所以在赏庭之前，我们最好提前向庭园的主人打听赏庭的最佳时机。未打招呼就突然拜访是不礼貌的，这类似于主人正在伏案读书时你未经允许就突然坐在一旁。那么我们具体应该如何选择赏庭时机呢？首先应该挑在上午十点之前，因为这段时间大多数庭园里的阳光都是斜射的。然后再避开阳光直射的下午一点至三点，等日暮时再进庭观赏，因为这个时间段任何庭园看起来都十分美丽。

而且我们最好把时间把握在日落前一小时左右、天还不太暗的时候，这样无论春夏秋冬都优先选择在日暮时赏庭，在时间选择上是最为有效的。

看着庭园从日落后一点一点沉入夜色，就像是在见证庭园的精神，不过这个东西一般只有庭园的主人能够看到，而对其他人来说，它可能就像是一眼望不见底的深渊。当夜色将精装打扮的庭园覆盖，庭园中的各种景色也恰好融为一体。一花一草，一树一石都能进入赏庭者的心中，如果赏庭者懂得为人着想，那么他在造庭时也会自己为庭园中的花草树石添上体贴之美。如果有人总在思考建筑、造庭、教养、才智和学问的问题，那么在赏庭时他就会发现庭园就是自己教养和才智的发泄口。据说泷田樗荫[2]先生会在赏庭时决定该请哪位小说家或评论家为自己的杂志供稿，我相信除了泷田先生以外，那些梦想成为建筑家或企业家的人有时也会在赏庭时构想自己的事业吧。不知一个庭园要安静到什么程度，才能供战国时代的主将潜心钻研即将到来的决战。

最近我开始觉得庭园其实是不需要任何树木或石头的。一个庭园只要有围墙就足够了，然后我们无非再看看土，或看看踏脚石和苔藓，因此我认为应该把树木和石头的数量削减到最少为好。因为围墙是最先进入人们的视野的景物，而且无论在庭内、庭外还是客间，人们都能清楚地看到围墙。如果围墙漂亮，那么我们大可以只看围墙，而那些市井的小庭园往往也只注重围墙的外观。龙安寺石庭中的虎子渡河[3]之石景也是如此，如果没有了围墙，那么石庭也会失去它的轮廓和紧张感。而市井小庭园则大多以灌木篱笆作为围墙，根据四季花时在不同季节栽种不同植物，因此它们的围墙大多都值得一赏。一个小庭园中树木越多，就越让人觉得庭主的生活缺乏紧张感。庭园是日本的脸面，哪怕在贫瘠而狭小的庭园中，你也照常能够窥见日本的肉身。造庭并不是一件奢侈的事，假设你坐在茶室中就能看

2◎泷田樗荫（1882—1925）：大正时期的杂志编辑，本名泷田哲太郎，综合杂志《中央公论》的主编。

3◎虎子渡河：模拟大老虎带着三只小老虎渡河情景的庭石配置。

到过去父母的身影，那么哪怕是一块石头，一株凤仙花，都会为我们讲述这个家的历史。

面对那些略显精致的庭园，我们只需要看它的围墙就够了，由土和瓦片做成的围墙能够让我们抛弃杂念。然而当一个人到了这样的境界之后，说明死亡也已经离他不远了。当一个一生都在追求华丽的造庭师最终对石头、灯笼和花都失去了兴趣，终日醉心于瓦片和泥土时，他才能真正成为一个独当一面的造庭师。而那些习惯在想象世界中创造庭园的人最终也许只要能看到围墙和泥土就可以获得满足。越是看遍天下名园之人，就越是清心寡欲。

旅行时，我曾在山间小路旁的新木上发现一株结有五六颗橡果的树枝，不知怎么的，这结有果实的树枝让我觉得格外漂亮，所以每天散步时我都会顺路经过那里，一面观察果实的成长状况，一面盘算着返京之日要将整株树枝也一并带回东京。橡果青青的，像个饭桶似的日渐肥硕起来，仿佛在用圆滚滚的身体诉说它与树枝之间的亲情。

一天早上，正当我拿来剪刀准备将它们带走时，我才发现树枝上的橡果已经被孩子们摘得一粒不剩了。一时间我以为自己的记忆出了差错，又四处寻了一遍，果然先前那株光秃秃的树枝正是我要找的。在空空荡荡的山中，我悔恨地咬紧了嘴唇。

造庭师——室生犀星

我认为万千事物中，

要属石头最具忧郁色彩，

可人们为什么会对这些徒留寂寞的东西情有独钟呢？

蹲踞

《徒然草》说："水越浅越好。"我的童年基本上是在家后面一条河的河岸上度过的。河岸上也涌出了不同于河水的清水，而我每天就在河岸上挖出渠道，把它做成一条小河。小河宽约60厘米，长约11米，我在小河的中间铺满了砂石，并在两边堆起"石墙"引流，于是每天早晨上游的清水便仿佛打闹一般欢快地涌动在砂石之上。随后我又在各种地方搭起小桥，在石墙边盖起房屋，并围着房屋栽草种花。到了这个年纪之后，我发觉好水不仅要浅，其河床也是越宽越好。水是具有生命的，任何没有水的庭园都叫人喘不过气，所以我希望每个庭园里都能加入至少一处流水。哪怕是蹲踞（石洗手台）的水也无妨。干涸的庭园总是叫人口干舌燥，难以呼吸，而只要在庭园中见到一点水，我们的内心就会像喝过茶一般得到滋润。

我非常喜欢庭园中的蹲踞，它选自形状优美的天然石，其底座犹如蜜柑，水钵如同满月，深受茶人的喜爱。蹲踞一般置于庭园一隅或中门枯井附近，但蹲踞的位置其实非常讲究，甚至单从其位置我们就能了解这个庭园的大概风貌。虽然我和茶人或造庭师的观点有所不同，但唯独这个蹲踞的位置我们决不可随意改动，其背后的风景也尤为重要。我们可以在蹲踞后种十五六棵矢竹，并在前石（蹲在蹲踞前洗手时用于搁脚的石头）右边种些矮山白竹，因为千峰草如果离蹲踞太近会略显陈腐，所以真正喜欢千峰草之人会把它种在距离蹲踞四五尺的地方，尽管略显唐突但效果会更好。但为了保持与蹲踞之间的联系，我们还要在千峰草的旁边放上点景石。我曾在某个庭园里看到一株山茶花树的树枝恰好探至蹲踞之上，而由树枝上飘落的四五片山茶花瓣正浮在蹲踞的水钵之中，极具风情。

哪怕背后有上百平方米的猗猗翠竹，蹲踞也能将其完美驾驭吧。一般来说，我们需要把蹲踞放在一个能尽早映得朝阳阴影而绝不被正午的烈日和夕阳照射的地方。每天早上我们还要重新汲水把水钵灌得满满当当，当然整个石洗手台也要被水浸湿，其还要爬满青苔，但最重要的是，水钵内的水必须一尘不染，因为人们要在此漱口净手。

兼六公园成巽阁中内藤雄次郎所做的四方佛[1]被置于小河沿岸，其上刻有四尊石佛。此外，小河两侧还配有各种奇石珍木。花草树石中藏有封闭庭园之幽雅，以及宁静纯粹的枯美。从小河上游略显突兀的千峰草中我们还能窥见

1◎四方佛：四面刻有佛像的水钵。

老园丁的精湛手艺。我暗自思考着这洗手台上刻有佛像的缘由，也许它意在让游客既要净手，更要净心吧。在茶庭中，虽然石灯笼总在树后，但蹲踞必须要置于树前。因为蹲踞是要给人接触的，所以就算它偏居于庭园一隅，也丝毫不影响其品格之上等。在瑞云院共有两条石路可以通往蹲踞，每条石路上都铺有整齐的短册石[2]。兼六园池边的蹲踞不仅本身块头大，同时还被置于树干约有三搂粗的大锥树下，看起来雄心勃勃极为豪迈。说实话，有如此待遇的蹲踞我还是第一次见。

蹲踞不仅品格要最为优秀，其外形也应不大不小，正适合供人观赏。实际上，往往是那些略带奇岩姿态，具有高峰清韵，仿佛还能搅起云雾的蹲踞最受人们的青睐，它必须和《聊斋志异》的白云石一样能从石孔中生出绵绵白云，而钵（装水的部分）中则必须具有如同古镜般的澄清透亮和天然古色。据说在面对钵底爬满青苔的蹲踞时，庭中的客人们总会有一种在照镜子的错觉。实际上，这钵中的任意一捧清水都能清晰地反映出庭园最真实的一面。

据我所知，除了普通蹲踞之外，还有一种略带风趣的如同石臼般的伽蓝形蹲踞，这种蹲踞是在圆形石头上凿出一个圆形水钵。此外，还有一种更具风趣的蹲踞被称为唐船形蹲踞，这种蹲踞是在具有如同天然石锹般弯曲度的石

2◎短册石：短册指用来写短歌、俳句或一些节日愿望的细长纸片。短册石则指代这种如同短册一般的细长石头。

头左侧凿出水钵，因为其风致让人联想起了翩翻的唐船，才被人们称作“唐船形蹲踞”。而司马光形蹲踞[3]则是将三面有突起的石头的正中央挖成水钵，虽然风雅但对摆放位置的要求极高，所以在布置时需要让人多下不少工夫。圆星宿形蹲踞[4]虽然是普通的圆柱形石洗手台，但它的石水壶细长且越接近底部越为狭窄，虽然根据石材不同有时候它看起来也能十分华丽，但我并不喜欢这种蹲踞，反倒是那种水壶三面带把手的枕形蹲踞让我觉得十分有趣。它和常见于中国和朝鲜的带把手的大水壶极为相似，而从原材料是石头这一点来考虑，它要比陶器还更加有趣。不过如果真要把陶器和石器进行比较，那么石器终究是不如陶器细腻的，但石器中的孤独风韵和枯寂氛围相互贯通，有时也能展现出陶器所不具有的魅力，令人浮想联翩。除圆星宿形蹲踞外，还有名为方星宿形的四方形蹲踞，但它并无需要特意介绍之处。而富士形和葫芦形蹲踞对吾等雅人而言更是不值一提的庸俗玩意儿。只有选自天然石材，经过细致打磨，具有寂然气质的蹲踞才是有趣的蹲踞。

所谓的竹筒洗手台需要借助竹筒向洗手用的水钵引水，这玩意儿也仿佛带有生命力一般极具风致。凡兆曰：“冬季抗寒忙，古寺竹苇青。”诗中所述的山中古寺之闲适与晚春

3◎司马光形蹲踞：呈壶形，且带有缺口的水钵，其名起源于司马光砸缸救人的故事。

4◎圆星宿形蹲踞：侧面刻有“星”字的圆柱形蹲踞。

时节终日于书房中聆听竹筒引水声的悠闲快活应有异曲同工之妙。而竹筒的清水沿着水钵渐渐向下浸湿蹲踞旁沙砾的自然之趣也远比庭园中的人为细流来得幽寂而新鲜。

四方佛蹲踞的四面都刻有佛像，其清脆的响声更是叫人无比怜爱。我曾在位于大树下的难波寺形蹲踞旁种下了木莲，让其藤蔓爬满石钵，钵中清水为木莲叶所环抱，透亮而宁静，显得无比美丽。据说在茶庭的蹲踞前置放水桶和手烛还是茶道的礼法礼节之一，虽然我对茶道不甚了解，但其无微不至之精神总是令我敬佩不已。认为“茶道与色道[5]相通”的我的哲学与古今茶道之大义也必须是相一致的。于清净中思考男情女爱与隐居垂钓也并无太大差别。望着水中明月而不禁遥想佳人乃是人之常情，如此娴静纤细之色道有如灯火之余烬，叫我十分喜欢。这种色道给人的感觉就像远州所喜欢的茶庭一样——庭中有大树一棵，小树四五棵，以及被踏脚石所包拢的中庭和有八扇窗户的茶室，在井然有序之中又带有某种淡白而令人怀念的缺憾色彩。

关于石头

我认为万千事物中，要属石头最具忧郁色彩，可人们

5◎色道：情欲之道。

为什么会对这些徒留寂寞的东西情有独钟呢?

> 枯野萧条，寒光入石冬寂寥。——芜村[6]
> 北风虐白田，小石现眼前。——同上
> 寒风吹木枯，庇下苔石乌。——同上

人们之所以喜爱石头，是因为它生而具有的孤独姿色，倘若将石头的属性反转，恐怕人们对它的热衷也将消失不见吧。但究其根源，石头之所以能牢牢抓住人们的内心，是因为它永远不会让人感到乏味。其寂也深，其心也静。据说在成长过程中，人类的第一个和最后一个玩物都是石头。如果说俳句是文学韵律的入门，那么当我们老了之后，俳句也应该是我们最后的文学之友。小时候，我曾在河畔边朝远处用力地丢石子，不知过了几秒之后，从远处传来了一阵石与石的戛然碰撞声，我想这就是我与此世之幽寂的初次接触。

当植物发芽时，庭园中的踏脚石和点景石就像刚从冬眠中苏醒的动物一般充满了活力，至少我能从它们身上察觉到某种敏锐的秀气，也许就是这股秀气唤醒了树木花草的幼芽。而幼芽的浅绿色似乎也是为了能够更好地描绘出

6◎与谢芜村（1716—1783）：江户时代中期的俳人、南宗派画家。本姓谷口，名信章，芜村为号。

石头苍劲古朴的外形。

人们之所以说石头不可有一刻不被水浸湿，大概也是因为早春时节人们能够在被浸湿的石头上感受到更多的秀气。积了水的石头、虽未积水但有少许凹陷的石头，以及被洒水打湿的石头都显得十分野鄙而新鲜，在晨光未及之时，石面的庄重和镇静都是无可比拟的。而被夜雨打湿的石头对天明的渴慕就像恋爱一般朦胧。看到这样的石头，哪怕它是踏脚石，人们有时都不忍伸脚，这是因为清晨的石头看起来无比宁静。一天早上，我曾瞠目凝望着一株生于苍黑点景石旁的蜂斗菜嫩茎，这点景石就像是戴着一支发簪的庞然大物，正弓着身子露出笑容，向我昭示着春天的到来。此外，庭中的石头似乎总会与庭园的主人同喜同悲，主人欢喜它也欢喜，主人难过它也难过。有一回在遭受了一些挫折之后，我无意间将目光投向地上的石头，这才惊讶地发现它们的表情竟比我还要痛苦。经过与它们的一次又一次交心，我才终于有些能够理解为什么相阿弥会悲心于青山绿水之间，说自己比起亲兄弟更渴望与花草木石交契。当你能察觉到石头的一颦一笑时，说明石头也已经接受了你的爱意。曾经有一个小孩到庭园里轻轻地抚摸小草的新芽，我想他的行为和我抚摸石头一样，都是源于我们心中浓浓的爱意。

瀑布轰鸣，岸边山吹尽凋零。——芭蕉[7]

搓手顿足，遂折邻梅去。——同上

虽然石头的堆法有什么二石相接、三石一组、五石一组之类的“祖传秘法”，但我觉得我们完全可以随意一些。不过一切事物都要保持均衡，只要它既能保持均衡，又能打动我们。当我们看到一个孤零零的石头好像寂寞难耐，需要伙伴时，为它设身处地地着想也是我们的匠心所在。石头似乎也是有感情的，不适合只放一块石头的时候，我们只需要再为它添一块石头便是。如果添了一块石头之后母石仍显得孤孤单单，那这时候我们又该怎么做呢？如果这时我们需要将五块石头接在一起才能消解母石的寂寥，但为此原先的均衡又会被打破，那我们应该怎么做呢？一般在这个时候，我会强行让母石恢复原来的孤独状态，让它就这样孤零零地站着。

对于行家以外的人来说，脱沓石[8]和飞石[9]的布置才是最为棘手的。有一回，利休应邀去参观庭园时，仅仅用过茶之后便默默离开了。后来人们才知道，当时他发现庭园中有一块石头的位置被人调换了。总而言之，一块块连续

7◎松尾芭蕉（1644—1694）：江户时代前期的俳谐师。名忠右卫门、忠房，初俳号宗房，后改号桃青、芭蕉。

8◎脱沓石：放置于庭园和室走廊下的石头，主要用于垫脚或置放鞋子。

9◎飞石：有一定间隔的踏脚石。

的飞石是决定庭园能否顺畅呼吸的关键。飞石的排列与布局也反映了庭园主人的水平。因为飞石可以无限延伸、永不停止，所以我们必须要果断而巧妙地为它画上休止符。我越发觉得飞石就是将庭园武装的铠甲。

在庭园角落的梅树残株上，曾生有五棵灵芝，经过一段时间之后其上还长出了小伞。在中国，灵芝不仅受到世人珍重，还因其稀有和喜庆而被人仿制成室内陈设品。虽然灵芝的柄和盖在外形上与普通真菌无异，但其质地坚硬，在阴凉处干燥后还能保持原来的形状。当它们被水打湿后，又会呈现漂亮的朱红色。就它们的长势而言，这五棵灵芝中有一棵向左长，一棵向右长，第三棵灵芝的菌盖较大且和菌落相隔较远，第四棵和第五棵灵芝分别排列于菌落之左右，间距不近不远恰到好处。这五棵灵芝的排列有一种难以言喻的妙趣，为当时正在思考飞石布置的我提供了灵感。我认为效仿灵芝的自然排列方式应该也是一种不失趣味的选择。另外，它和岩段列石法[10]的相似虽然纯属偶然，但也间接地证明了艺术来源于自然。

通往走廊或和室的飞石最好选取一些坚固可靠的石头，而飞石的排列方式既可以是三四连列[11]，也可以是四二连列，不过如果使用的是短册石，那么我们在排列时还要稍

10◎岩段列石法：一种以表面平整的岩石作为踏脚石的铺石法，以其一石大，二三石小且分据左右的方式排列，故与上述菌落有所类似。

11◎三四连列：三连飞石和四连飞石的组合。

微错位一些。只要这些飞石四周生有青苔，哪怕我们不在其四周种草也无伤大雅。不过在庭园中断断续续地种上些带有白斑的山白竹也是不错的选择。当然只有苔藓也是可以的，有一种苔藓叫作日苔，它无须我们浇水也能生得苍苍翠翠，是一种生长在山林里的苔藓，哪怕天气炎热而干燥也不影响它的生长。平时我们要么不给它浇水，等待自然降雨，要么一周给它浇一次水即可。这是一种生命力极为顽强的苔藓，特别适合大型庭园，只要我们让它习惯了干燥的环境，它就能在无水的环境下自然而然地繁殖和生长。虽然一般人们认为苔藓越细腻越好，但像山苔日苔这样略带粗糙的苔藓则能给人一种更具威严的庄重感。总之庭园的好坏取决于园中石头和苔藓的价值，从某种意义上说，龙安寺的石庭可谓是完美地再现了淡泊人士的闲情逸致。一个善于品味寂寞之人的内心深处一定会藏有石庭的精神。当我瞥见石头和苔藓在厚重的乌云下面面相觑那安稳而柔和的身姿时，我会立刻产生一种正在窥视某一类人内心的感觉。

铺上红色的山土之后，只需一两年其上就能生出苔藓，但要让石头上也生出苔藓仅仅一两年时间是远远不够的，因此我们必须要抛弃浅薄的功利主义。经过长年累月等待苔藓自然生出才符合雅人之精神，而那些主动种植苔藓之徒与我等绝非一类人。边缘附有日苔的飞石的外形和色调就像被衣鱼蛀蚀的古书一般令人怀念。我既喜欢石上蜗牛、蝗虫和鹡鸰的身影，又热爱寂寞的阴天或雨天之景色。据说有一种叫作“拜石”的习俗，指在庭园中划出“清净之地”供人参拜，我认为此等旧习是可以被废除的。池边除了垂钓石之外，有时还会有砚滴石、砚用石、笔杆石和笔架石等石头，如果再讲究一点，我们还可以自主给石头命名。像鸳鸯石、虎溪石和阴阳石之类的石头也都是根据其外形命名的。而兼六园中则到处都摆满了这些具有古老名号的石头，据说园中的阴阳石从前还是被偷偷带进来的，虽然从现在看来此举似乎并无意义，但这八卦石也许也为兼六园带来了些好兆头。

竹庭

冬天尚未完全离去的早春时节同时也是最佳的赏庭时机。尽管冬季的寒冷还徘徊在庭园的每个角落，园中却已是一副早春景色，土壤也夹带着湿气。这个土壤和苔藓的湿润中蕴含了春天无微不至的关怀，旭日之艳丽也新鲜无比。当我们怀揣着种树的打算行走在林间时，可以透过树枝察觉到一些奇妙的味道。庭园中似乎充满了一种不可思议的人情味，并正在向我们轻声低吟。春天是所有季节的故乡。

告别了严冬与寒威的石灯笼终于显得柔和了许多，一场小雨也为它染上了春天的颜色。而石灯笼边上长出的嫩芽则让我想起了一位茶人的庭园中的古老利休形灯笼，它正处庭园中央，其在松树下身披藤蔓的姿态有一股淡泊之美，庭园中央的独松一棵也极具品位。待主人起身之后，茶室中的我一边聆听着茶釜的声响，一边眺望着室外的石灯笼，且那石灯笼的稳重恰好能与茶釜的声响相协调，看来室外的风景与茶室之间总有着某种精妙的联系。利休形灯笼的躯干纤细，外相古朴而温和，具有一种温暖人心的效果。我想这是我生平唯一一次能够如此安静地观赏石灯笼，至今它还时不时会出现在我的脑海深处。

远洲形灯笼的灯笼帽高且丰盈，做工粗糙，叫我十分喜欢。宗和形灯笼的立姿有其独特的风味，比较适合有枯木并且视野宽阔的庭园。我想在有四五棵杂树的地方布置飞石，然后观赏在另外两三棵杂树深处的宗和形灯笼。除了上述几种灯笼外，还有宗易形、有乐形、珠光形、春日和雪见等诸多形式的灯笼，但就我个人而言，庭园中只要有一座身材不高但相对丰满的茶庭灯笼就足够了，当然多一座也没有坏处。灯笼也是有眼睛的，它可以使庭园四周的景色都变得更加均衡而紧凑，如果灯笼的质量不过关，那么整个庭园的品质都会降一等。我曾拆解过一个灯笼，并将它的底座和灯台都作为飞石铺在了庭园中，当时正值春天，而它们身上既有苔藓的苍翠，又有原先作为灯笼的气品，所以效果相当不错。说到底，灯笼只要能在树荫下悄悄探出脑袋就足够了。若将灯笼置于树木之前，反而会太过张扬，有损庭园气品。但如果一定要把灯笼放在显眼的位置，那么我们也可以考虑将它单独放在庭园正中央且稍稍偏向角落的地方，这样灯笼看起来非但不张扬，反而有些淳朴，但在这种情况下我们要使用的灯笼必须历史悠久、形态优美且高大挺拔。当比绿叶还要青苍深邃的灯笼若隐若现于密林之中时，给人的感觉是最为清净而幽雅的。现在就算在园中看到墓碑，我也不会有任何厌恶之情，只会感到毛骨悚然罢了。虽然一座灯笼就可以左右庭园的大部分魅力，但这并不意味着我们可以忽视其他部分。把各种经过精心打磨的调度和庭园的纯朴气质安排得不刻意、不起眼、不匆不忙，才是造庭的秘诀。我们的目标就是尽量让庭园变得质素，同时又要注重每一个微小的细节，让看客在游览庭园时一瞥粗糙，二瞥细腻，三瞥惊叹，这也是庭园不会使人感到厌倦的原因。每当看到受到主人精心呵护的小草，我都能从中感受到浓浓的爱意。而那些气派的人造山、池塘则没有褒奖的必要。只要庭园中洋溢着主人的爱意我就心满意足了。过去，我曾在家住本乡的前田先生的庭园中看到过两只被装饰在空荡荡河床中的铜制仙鹤，这让我觉得自己的眼睛受到了玷污。而想到还有人在庭园中摆上唐狮，并架起大炮做装饰，我的内心就变得更加麻木。一个人的品位决定了他所作庭园的好坏，同时也决定了他的品格。

这件事我在《周刊每日》上也提到过，曾经有一位客人打算自己造庭，便问我能不能用1000日元造一座简单的庭园，于是我就随意地写了一张购物单给他。

竹子	（矢竹或川竹）	500棵
飞石		50块
点景石		3个
茶庭灯笼	（利休形）	1座
蹲踞	（一个大一个小）	2尊
山土		10车

此外，还要再算上园丁50人份的工资200日元，川竹，70日元，飞石（鞍马石预计每块5日元）250日元，点景石200日元，茶庭灯笼预计300日元（可能买不到上等货），蹲踞2尊100日元，算上山土10车和其他杂费的价钱1000日元有多。

差不多过个十年，等园中生出了苔藓，竹子扎下了牢固的根，这座由1000多日元打造出的庭园应该也已经有了庭园的样子。不过麻烦的是，我们每两个月就需要给竹林打理一次，为它们清除枯叶和害虫，另外竹叶的修剪、笋的培养（每年我们都需要伐古竹栽新竹）以及为竹子削皮更是竹林护理的重中之重。之所以在飞石上花那么多钱，是因为没有好飞石就造不出好庭园。至于灯笼花300日元应该就可以找到合适的，当然也可能找不到，总之有一座就够了。

一般蹲踞有一尊趁手的就够了，不过我出于自身习惯，比较倾向于买两尊。当然前石也不能落下，照这样一算，这个100日元的预算似乎有些不够。其中一尊蹲踞放在竹林后，另一尊可以放在距离走廊七步左右的地方。10车山土是为了种植苔藓，不过单靠这10车可能不一定够。通过以上材料打造出的庭园既无什么特殊意义，也并非茶庭，我只是想让大家知道，像这样普通的庭园也是存在的。这座庭园中无须任意一棵小草，什么蕨菜紫萁也统统不要。说到底，所谓的庭园，其实只需要每天早晚两次的打扫和洒水就足够了。

关于竹子的种植，我们只需要在庭园的东南西三个方向把竹子种得杂乱一些就够了，但要保证能够清楚地观测到新生出的竹笋。在庭园东面，我们只需要观察清晨竹林的影子，但在庭园南面和西面，我们还要保证竹林终日都能将影子投在苔藓之上。当竹叶茂盛之时，比起欣赏相互纠缠的竹叶风情，我们更应该时不时地为它们摘下枯叶，让竹叶与竹叶之间留有空隙，以便我们可以在其缝隙中窥见天空的颜色。另外，伐竹时讲究艺术是我的信条之一，因为我们的用心程度决定了它的美丽与否，所以我建议懒人还是尽早放弃种植竹子的念头。点景石没有太多讲究，我们大致上只需要把它们分别放在庭园的三面即可，唯独在朝北的那一面我们必须要把两块点景石放在一起，不过考虑到和邻家的关系，我们必须要在看过地势之后才能做具体决定。

造此庭的目的有二：一是为了聆听竹叶的摩擦声，二是为了给我们幽寂闲适的内心带来慰藉。当我们第一眼看到这个庭园之时，灯笼就已经有了它命中注定的位置，而这个位置是绝对不能改变的。因此，为了保持庭园四方景色的均衡，我们必须要有能够洞察一切的火眼金睛。因为灯笼的位置决定了整个庭园的性质。

和辻哲郎——城

仅仅因为自己不了解某个事物便称其为“无意义”的行径只不过是狭隘的主观主义罢了，
它同时也是幼稚的异名。

大地震之后，东京高层建筑的增加速度可谓是相当之快。那些每天要经过施工现场的人们可能不会有什么太深的感触，但对地方来京者而言其变化是相当显著的。六七年前我在银座的后街吃完晚饭走上街头时，曾痛苦地回想起新加坡的郊外风景，大概是这里的道路状况和夜空的可见度激起了我的这一联想。当时正在重建中的东京有如殖民地一般的街头景观令我感到十分悲哀。不过两年后它那新加坡郊区般的印象就消失不见了，随着高楼大厦逐渐林立，部分气派宽敞的大道也陆续完工。虽然从整体上看东京还是一个杂乱无章的半成品，但此时它已经具有了某种不可思议的力量。

在此复兴过程中，我发现了某种令我感到惊讶的东西。大约在两三年前的初夏，久违上京的我从东京车站穿过丸之内的高层建筑区来到了护城河边，当时护城河边排满了新建的高层建筑，想到当年这里曾是一片名为“三菱原[1]”的不毛之地，我不禁感慨万端，恍若隔世。但让我感到惊讶的并非这些井然有序的西洋建筑，甚至可以说它们平凡至极。而真正使我感到惊讶的，其实是与这些建筑隔岸相望，仿佛正在静静地沉睡着的护城河石墙以及和田仓门。护城河边垂下柔软枝条的柳树、浑浊的护城河水、微微泛青的石墙以及古老的和田仓门——它们相辅相成，以一件完整艺术品的姿态向我们展示出其足以凌驾对岸高层建筑的品性和威严。过去我曾多次经过此门，那时我却未曾在其身上感受到如今这般鲜明的艺术性。尽管后来这道门还几经修整，但它的外形与以前相比并无太大差异。那么究竟是什么为它带来了如此变化呢？没错，正是林立于护城河边的高层建筑。当这些高层建筑以截然不同的风格与石墙和古门相对而立时，后者本身便成了被观察的对象，并开始向旁观者彰显其固有样式或个性。你在对岸的西洋建筑中绝对找不到石墙和古门屋檐所特有的弯曲，而石墙中各个石块的堆积方式与西洋建筑所具有的机械性也相去甚远，所以石墙中每个大小、形状各不相同的石块都有属于自己的特殊位置。这样的做法在现代也许已经行不通了，

1◎三菱原：丸之内地区在明治时期的称呼，因为当时这片土地是由政府转让给三菱社（后来的三菱财阀）的，故被人们称为“三菱原”。而现今三菱集团旗下各公司的总部也多设立于此，因此现在的丸之内也有“三菱村”的异名。

但我们绝不能忘记其中所形成的特殊样式美。

东京的重建复兴工程结束之后，站在被高大西洋建筑包围的皇居前广场时，我越发为江户时代之遗迹所具有的巨大潜力而感到惊叹。但它们的外形极为单调、自然而普通，以至于在周围出现对立者之前，你几乎察觉不到它们的潜力。不过当对立者出现之后，原先看似“空洞”的它们就会立刻变得活跃积极起来。樱田门就是一个很好的例子。樱田门外的护城河土坝虽然高，但它稳重老实的外形绝不会给人一种伟岸强势的印象。不过如果我们现在站在樱田门外，能看到为纪念大正昭和时代而建成的巨大议事堂正坐落于山丘之上，在它旁边还立着一栋警视厅的办事大楼。这时，原先稳重老实的土坝便突然显得极具威严，由护城河与土坝围成的巨大空间看起来也极为宏伟而壮观。议事堂与警视厅和护城河与土坝，就像刺激的动作戏和无言的表情戏、巧言令色之人与无为之人，所以当我们对前者感到厌倦时，只要一瞥后者就能获得无上的喜悦。而当我们走进樱田门内，站在仅由两扇古老的木门、泛青的石墙、护城河与土坝构成的一片净土之中时，我们才会发现这个自己曾经想要抛弃的世界是多么的伟大而富含真理。

虽然给人的感觉有些不同，但大阪城也是纪念旧时代的伟大遗迹。中之岛附近的高层建筑越多，大阪城就显得越为伟岸，而且它和江户城的情况还有些不同。首先不得不提的莫过于其石墙中的巨石[2]。大阪城中的巨石绝对无法称之为“普通”，其中透露出一种仿佛要将人压垮的威慑力。可能有人会质疑说区区石块的堆叠能有什么骇人的威慑力呢？但实际上见过大阪城的人无不对城中巨石目瞪口呆。我想哪怕是山中的巨岩也不能给我们带来同等的惊叹，因为我们所叹的并非巨石的分量，而是能够将巨石从山中运到大阪，并将其巧妙地运用于石墙之中的伟大力量。我虽然不太了解这种巨石要如何运输，但据专家研究，这些巨石的搬运集结了众人之力。而且这众人之力还不能是个人力量的单纯累加，而必须是一个统一的整体，否则巨石是不会移动分毫的。人们在堆砌砖头建造大型寺院时也需要借助众人之力，但这个时候的众人之力也可以是个人力量的累积。而在搬运巨石的时候，我们不仅需要无数出力的群众，更需要一个能统一群众之力的领导者。我在一些画作中能够看到有人高举扇子在巨石上跳舞——这是在描绘一个领导者将全身作为指挥棒来统一群众的步调。京都祇园祭中矛山车[3]的拉法也许就是从巨石的搬运中流传下来的。要想搬动大阪城的巨石，恐怕至少需要统一成百上千人的力量，但即便是这样，其中也有一些巨石大到让我

2◎大阪城中巨石云集，其中最大的蛸石横长11.7米，高5.5米，厚度约有75厘米，重达108吨。

3◎矛山车：在顶端装饰着长矛的山车，山车即在日本节日时出动的彩饰花车。

们无法想象它究竟需要动用多少人力才能顺利抵达这里。而大阪城的城墙正是这些巨大人力的结晶。从这一点上看，埃及金字塔和罗马斗兽场都不如大阪城。而且下令建造如此巨石城墙的丰太阁[4]在这三百年间一直被京都、大阪的市民赞誉为“伟人”，哪怕在西洋高楼林立的大道上，为了纪念这位“伟人”而结成的歌舞队列也依旧绵绵不绝。

当我们赞美了古城之后，也许很快就会有人谴责说我们是在赞美封建时代。但对古城伟岸的赞美既不是对封建时代的呼唤，也不是对新建封建时代建筑物的要求。每个时代既有其弊害和弱点，也有属于那个时代的伟大。对江户时代之文化的伟大部分视而不见，却一味地哀叹其矮小的行径决称不上是对待文化的正确态度。像这样的例子不胜枚举，而古城不过是其中的冰山一角罢了。让我们再来看一看行道树。过去，日本的古老都市中是没有行道树的。所以日本人便开始效仿西洋都市，将悬铃木作为行道树种在了街道两旁——这固然是一件好事，但你要是说整个日本都未曾有过行道树，那么这就是我刚才所说的“视而不见”。东海道的松树林和日光的行道杉难道不都是世间罕有的宏伟行道树吗？虽然松树的树干弯弯曲曲，彼此之间排列得也不够整齐，但这丝毫不影响它们作为行道树的资

4◎丰太阁：对当上太政大臣（辅佐天皇总理国政之职）的丰臣秀吉的尊称。太阁是日本对摄政大臣（辅佐幼年天皇）、关白（辅佐成年天皇）和太政大臣的尊称。

格。如果你认可行道树的必要性，那么你至少要认识到上述宏伟行道树的存在，并对它们表示尊重，这样你就不会做出将蜷缩在电线之下的矮小树木作为行道树的错误选择。在欧洲的都市中，我们只能在刚开发不久的街道看到这样矮小的行道树。而在稍微气派一点的街道里，行道树也是符合街道风土的大树。而且如果行道树不够高大还会直接影响到街道的美观。如果我们不能拆除电线，那么我们就应该把电线的高度降低，而不是为了电线去抑制树梢的生长。因此我们必须要想办法让行道树能够高过电线。如果不这么做，那么跟日本自古以来就有的行道松、行道杉相比，现在的所谓“行道树”无异于一场闹剧。而赞美行道松与行道杉也绝不意味着我们在试图唤回封建时代。

每当想到这些事情，我都会痛感人们对各种文化及其固有样式的理解是多么的重要。行道树也各有不同的样式。而古城这种具有历史意义的建筑物就更是如此。人必须学会根据不同时代、不同风土的特殊样式去调整自己眼镜的度数。这样一来，我们就能更加鲜明地观察到各种各样的事物，从而有效地读取它们所具有的含义。仅仅因为自己不了解某个事物便称其为“无意义”的行径只不过是狭隘的主观主义罢了，它同时也是幼稚的异名。无论是对欧洲文化的咀嚼，还是对本国文化的自觉，我们都非常担心现在的日本文化是否还停留在如此幼稚的阶段。

（注）据浜田耕作先生调查，大阪城大手门入口的巨石之一横长约11米，宽约5.3米，能与其相伯仲之石甚少（《京大考古学研究报告》第14册，第60页）。假设这块石头的厚度约为2.4米，而每立方米的石头重量为2.6吨，那么这块巨石的重量可达375吨。另外据梅原末治先生所说，大阪城内还存在横长14米、宽7米的巨石。而埃及胡夫金字塔据说每块石头长宽约为0.9米，重约2.54吨，所用的石头总数约达230万块。

第二辑※见闻

其他词来形容眼前的景象。而庙堂焦茶色的斜屋顶与漂亮的瓦片相映成趣，看起来庄严无比。

这是一座和谐的庭园，地面被白沙覆盖，石与石之间长满了一株株杜鹃花，除了美之外找不到

京洛日记——室生犀星

我们一般人只需要量力而行就够了，
也许正是需要量力而行，
造庭才会如此有趣。

前言

十年前，我在金泽时，曾写信给芥川龙之介告诉他我想去参观京都寺庙之事，于是他便为我准备了一份简易的京都观光指南，内容如下——

"在京都住宿时，可以选择位于三条木屋町北部的中村屋，虽然屋内脏乱，但能将加茂川和比睿山的大好风景尽收眼底，给店家的小费一周十圆至十五圆为宜，可以低于十圆，但不可高过十五圆，而付与女佣的小费一周五圆便是绰绰有余，由于饭菜都由附近的高级料亭提供，所以品质尤为上等。金阁寺与银阁寺都是必去的景点，两寺都有导游一边解说一边热情地带你四处游览，不过你大可不必拘谨，按照自己的节奏慢慢参观即可。入寺门票费用分为高低两种，高者还会提供淡茶与点心，边品茶边游玩也不失为一大逸趣。东山附近的本法寺和高台寺也值得一去，粟田口的青莲院虽然不为游客常到之处，但院中的屏风画漂亮精致，夜幕中的寺院更是悠闲宁静，着实是个不可错过的好地方。另外，我可以向你保证，参观大德寺、相国寺和建仁寺也绝对不会让你后悔。博物馆中存有包括著名的青花瓷器在内的各种稀罕物件，同样也是可以尝试一去的地方。料理店选择瓢亭与伊势长即可，京都不比江户，吃不到什么西洋料理，但北野的丸家甲鱼也小有名气，要点这些店铺的东西时，你只要吩咐中村屋的人给他们打电话便是。信封中一共有两张名片，一张给中村屋，另一张给一位名叫小林雨郊的画家……至于伴手礼，只需买一些'御帘屋'的绣针、'骏河屋'的羊羹、荞麦饼干和外郎饼（不易保存）即可。（大正十三年九月十二日）"

虽然很感谢澄江堂主[1]寄来的这封详细周到的京都指南，但非常不巧的是，那一年我终究还是没能去成京都，时光荏苒，十一年后我才终于有机会用上这篇指南。

抵达京都之后没过五分钟，我就看到了佐分先生。佐分先生是西川一草亭[2]先生的高徒，如果没有佐分先生在一旁指点，恐怕初来京都的我连东西南北都分不清楚。我和佐分先生的笔记本上都写满了各种寺院的名字，随后我们互相交换笔记本，稍作商议，便从七条车站乘上电车，决定先去看距离最远的那座寺庙。

1◎澄江堂主：芥川龙之介的别号。大正十一年，芥川将自己书斋的匾额改成了"澄江堂"，有人问他为什么如此改名，他回答只是茫茫中想到了"澄江堂"这个名字。曾经佐佐木茂索还问他是不是喜欢上了叫作"澄江"的艺伎，芥川回答说："日本哪儿有能让我为她改书斋名字的艺伎？"
2◎西川一草亭（1878—1938）：日本插花艺术家，"去风流"花道第七代掌门。

经过宇治近郊时，迎面而来的是一片绿葱葱的茶田，在草木枯萎的冬季能见到这样一片充满生气的健康之绿确实是一大幸事，这让我回想起芥川君的那句“问俺何处来，俺自宇治来，就在那，夕阳沉入茶田的地方”。听说盛夏时的宇治还能看到金光剔透的夏蜜柑。

一、薪一休寺

当我们在田边车站下车之后，一阵烤地瓜的甘甜香气扑面而来，地瓜窖表面的白色石灰上还写着几个大字——“烤地瓜，又软又松”。

自到了田边，越是靠近一休寺，周围的房屋也越是老旧，被白色围墙包围的建筑和田地四处可见，散发着一种农村的古老气息。进入一休寺之后，拐角处的三棵老杉正向我们展示着这寺院所经历的古老岁月，两侧较矮土墙上的瓦片也非常漂亮。京都各种寺庙的瓦片都极具美感，从某种意义上讲，京都可能也是“瓦都”，这是因为京都的瓦片都如同汉墨一般乌黑古朴，排列得十分紧致。

我很好奇薪一休寺中“薪”的含义，便向佐分先生打听，不过他也不知道。随后我们二人又来到了一休庙的前院，这座由村田珠光设计的庭园依旧崭新如初，很难想象它有着四百多年的历史，同时它看起来又朴素有序，像是一位含羞遮面的丽人。由于这里禁止一般游客入内，于是我和佐分先生只得在外窥视，就像在窥视一幅既具有年代美，又被保存得完好如初的古老画卷一般。

这是一座和谐的庭园，地面被白沙覆盖，石与石之间长满了一株株杜鹃花，除了美之外我找不到其他词来形容眼前的景象。而庙堂焦茶色的斜屋顶与漂亮的瓦片相映成趣，看起来庄严无比。

伽蓝[3]的房梁、柱子和木板都被煤烟熏得锃亮，其中还有一个用烟熏竹[4]编成的巨大而古老的屏风。后院三面呈钩状，中央是以杜鹃花连接而成的三尊石组[5]，但最令我着迷的，反而是那土墙上的瓦片。听说这座后院是由石川丈山、松花堂和佐川田喜六共同设计的，不过我认为石庭只需要一种风格。尽管院子后边松树荫下的几块石头排列得很有水准，但那三尊形式的布局风格终究还是有些让人不满意。事到如今我又深刻体会到摆放石头也是一门很深的学问，就连这些出自名人之手的石头布局也不能让人完全折服。另外，旁边的两棵新松看起来也十分碍眼。

到了墓园之后，出现在我们眼前的是一列高低有序、排列整齐的五轮塔，列首五轮塔的高度大约只有一尺，而

3◎伽蓝：寺院僧侣居住的地方。

4◎烟熏竹：被烟熏得带有自然茶褐色的竹子。

5◎三尊石组：三尊即阿弥陀佛与其左胁侍观世音菩萨和右胁侍大势至菩萨，而三尊石组则是模仿这一形式的由大中小三块石头组成的石组。

末尾的茶人佐久间将监[6]的五轮塔则足足有六尺高，它们个个身披白色石苔，就像为了诉说自己的美丽而在夜中啼鸣的白鸟。这些五轮塔有的相互依靠，有的将相轮[7]伸得老直，仿佛要够着天上的星星。

佐分先生提议去吃乌冬面，于是我们便离开庭园，来到了一间小乌冬面馆。面馆的老店主跟佐分先生说“薪”是一休和尚的字，并告诉我们在七百年前，也就是一休和尚到来之前，这寺院还是一所荒无人烟的废寺。而后来看到我留了些乌冬面在碗里，这位老店主又敲了敲火盆，热心地斥责道：“怎么能浪费乌冬面呢，要走就吃完再走。”于是我只好将剩下的乌冬面一点一点地吸进嘴里。

在吸食乌冬面的时候，我越来越发觉一休寺杉树上的苔藓就像是一匹美轮美奂的古老锦缎，而一休庙前的小庭园看起来则像极了一幅年代久远的挂画。也许正是因为现在正值冬季，所以我才能在这幅挂画中感受到其他季节所没有的温暖和庄严。

二、龙安寺

当我们进入龙安寺内后，只见一位镇上的女佣提着鼓

6◎佐久间将监（1570—1642）：安土桃山时代至江户时代初期的茶道家。曾担任过丰臣秀吉和德川家康至德川家光三代人的近侍。

7◎相轮：五重塔等佛塔的塔檐以上的金属部分的总称。

鼓的包袱，从那包袱打结的地方能隐约看见不少杉树的枯枝。就连捡柴火都要特地准备包袱来装的良苦用心使这位老女佣看起来极为可靠，也许严谨就是京都女人的共同特征吧。

刚刚我们在镇上的时候明明没有下雪，现在却已经有不少如鱼鳞般的新雪将石庭的土围墙瓦砖点缀得恰到好处。每多看一眼，这被誉为“石庭之王”的庭园中的石景就越显得静谧。庭园中只有六十坪[8]地和十五块石头而已，却总会给我们带来一种压迫感，迫使我们想入非非，所以在这庭园中时我们总是心神难安，根本无暇观赏。当我回到下榻的地方，在灯下冥想时，才终于能够适应和理解这座庭园，我的内心也从方才的狼狈紧张而渐渐趋于平静，甚至产生了一种想要去抚摸一下那十五块石头的冲动。志贺直哉先生的推测是正确的，这座庭园的确是相阿弥的晚年作品。不过，虽然我不喜欢志贺老先生那冗长的说教和谜语，但可以肯定的是，相阿弥原先布置的石头数量跟现在绝对不一样，要么原先布置得更多，然后慢慢撤走了一些；要么原先布置得更少，然后慢慢加入了一些。这座庭园的设计一定也让相阿弥煞费苦心，所以现在他的苦恼才会化作沉闷的压迫感飘荡在庭园中。

据说大部分人都会忽视这座石庭的后山，虽然人们在

8◎坪：土地或房屋面积单位。一坪约为1.8平方米。

这里发现了制作精美的宝箧印式塔[9]，但这传闻中建造于室町时代的宝箧印式塔早已因年代久远而变得清寂沧桑，不免使看客们心生凄凉。覆盖相轮的石苔从塔檐一直蔓延到塔基，看起来就像是给一束灰枝灰叶的鲜花撒上了薄薄的绿粉。宝箧印式塔共有五座，每座宝箧印式塔仿佛都在为自己塔檐上的美丽纹样而争相呼喊，其中，下据双重塔基、承载着最高相轮的塔檐更属极品中的极品。

其他小五轮塔就像蘑菇一样杵在一旁，它们个个都因风化而失去棱角，趋于圆润，表面则带有一层石苔，令人陶醉。无论是五轮塔还是宝箧印式塔，似乎都在发出寂寞的呼喊，而且这些塔越是久经沧桑，其发出的呼喊也越为清晰而响亮。

在离开时，我发觉那土围墙就像是画框，而那石庭就像被固定在画框里的画作，里面的石头都静悄悄的，一动也不动。所以它其实是一座画中庭园，需要我们所有人精心细致的呵护。

围墙边上长着一些像是疏叶卷柏的杂草，虽然不起眼，但它们也起到了装饰“画框”的重要作用，可以说在任何时候这些杂草都是不可或缺的。

寺内的松树与落叶植物正环抱池塘伫立在荒凉的冬日

9◎宝箧印式塔：也叫宝箧印塔、金涂塔、阿育王塔，是一类实心塔。佛经中“宝箧印”全名“宝箧印陀罗尼”，指宝箧印真言咒，供奉它的塔就是宝箧印塔。

中，向世人展示着它们那纯粹的枝干美。

在龙安寺的解说文中读到自己的文章时，我感到有些难为情，又有些好笑，笑自己是个在不知不觉中掏钱买了自己文章的可爱男人。要是我明知这解说文引用了自己的文章而不买，那么这一定是因为我有些不高兴了。

三、妙心寺

妙心寺正殿上边有座突出的钟台，通过一个长长的梯子和正殿的屋檐连接在一起。房顶也挂着一个紧贴屋檐的竹梯。另外，在正殿与正殿旁的钟楼之间也架着一个小梯子。尽管这些简陋的梯子与气派的建筑显得格格不入，我却在这不协调中找到了一丝童趣，所以每当在妙心寺的飞阁流丹之间发现这些简陋的梯子时，我都能从沉闷中得到解脱。

通往正殿的石阶有些下陷，中间还有几片绿叶，凑近一瞧，才发现那原来是到了冬天依旧叶青花白的白花地丁。本来在周围平整的石阶里出现一级稍稍下陷的石阶就已经有些不可思议了，没想到这下陷的缝隙中还生长着白花地丁，真可谓是奇上加奇。再考虑到这寺院内有石铺路的地方连一根杂草都没有，这些悄悄生长着的白花地丁就更加令人耳目一新了。

四、灵云院

伽蓝的木制走廊正向我们展示着它那如同佛珠一般的腐蚀痕迹，而它的古老之美与柔软的踩踏感也同样难能可贵。

在这座由水墨画家是庵[10]设计的石庭中，石头与石头之间仿佛都有一根看不见的蛛丝将它们轻轻地相互拉扯，尽管每块石头的布局都很有讲究，但我总觉得有些美中不足。

——“在玉座之前请记得脱掉您的外套。”为我带路的老和尚毕恭毕敬地提醒道。

于是我脱下外套，端正衣襟，朝着里间拜了拜。在那门帘后的昏暗房间里，正存放着几百年前的天皇玉座。

在这作为妙心寺塔院[11]的灵云院中，有一把罕见的防火用大团扇与救火钩和逃生绳一起被放在了伽蓝的入口。虽然在其他寺院里也经常能看到救火钩和逃生绳，但这防火用的大团扇我还是第一次见，其扇柄长约七尺[12]，柄的前端接着一面漆黑的团扇，上面另外用白色墨水写着“灵云”二字。另外，在僧都[13]专用的鞋柜中，还能看到一些

10◎是庵（1486—1581）：室町时代到织丰时代的画僧。

11◎塔院：佛寺中，祖师、高僧死后，弟子在其卒塔婆附近或敷地内，建立用来守护卒塔婆的小院。

12◎七尺：约合现在的2.12米。

13◎僧都：负责统辖僧侣的僧职，次于僧正。

如女人钱包般花枝招展的靴子，不知怎么的，这些靴子总是在我的脑海里挥之不去。

五、东海庵

东海庵的中庭铺满了白沙，中间摆放着七个大小各异的石头，这也是一座除石沙外别无他物的石庭，其布局看似简单纯粹，却又仿佛意有所指，让我心里有些五味杂陈，我实在难以赞赏这种故弄玄虚的设计，难道就没有一个不需要太大深意也能让看客心满意足的庭园吗？

东海庵的后院也很普通，不过从后院隐蔽的角落中时不时能传来添水敲击石头的声响。

和往常一样，东海庵的伽蓝墙边架着大大小小十余把救火钩。这些陈年金属散发着的铁锈味也如同钩子一般勾住了我的思绪，门梁上结实的古木被煤烟熏得锃亮，而临近脱落的赤肤使其看起来更为妖艳，美到了极点。

六、邻花庵

在分寺前的小院中发现五六棵毫无打理痕迹的松树和青苔后，本无意在此停留的我突然停下了脚步。在分寺外只能看到正殿前的两扇被修补过的屏风，它们如同太阳下的薄冰一般，十分艳丽。

那五六棵松树的根部长满了青苔，虽然在金泽老家的寺院里像这样静谧的庭园并不稀奇，可没想到在这妙心寺宏伟而古老的建筑中也能看到这样一个宁静朴素而纯粹的庭园，它顿时勾起了我的思乡之心。在因过分讲究而略显贫瘠的石庭中走得久了，我甚至觉得自己的身体都在慢慢枯萎，那些残酷的造庭技术让我一时间分不清眼前的景象究竟是现实还是幻觉，所以我只是漫无目的地站在庭园中，呆呆地望着那松树、青苔和斜斜地射向京都的冬日寒光。难道我在庭园里走走看看，就能获得心灵的慰藉了吗？这个庭园虽然空空如也，但同时，它也已经具备了庭园所需的一切要素吧——虽然我想向佐分先生诉说自己的这一想法，但最终我还是选择默默地走出庭园，回到了石铺路上。只见庭园的门牌上写着“邻花庵”三字。

七、去风洞

在去风洞的时候，一草亭先生的女儿为我们端来了抹茶，看着她那如同正在折纸一般的点茶手势，我辞谢道：“鄙人粗野，不懂茶道，若有违礼法还请多多见谅……”

天稍稍暗下来后我们才走进庭园，只见生长在池塘边的石菖蒲上没有一片枯叶，令我们十分惊讶。由寒竹和扁柏叶组成的栅栏高约两米，长约20米，如同延绵的波浪一般将整个庭园一分为二，其精致的打理程度尤其令人敬佩。

玄关入口的芭蕉树也被修剪得恰到好处。在感叹的同时我暗暗想道，如果下次还要来京都，那么事前一定要先掌握茶道，否则又要出一次洋相。不过，像我这样的粗人哪怕学了茶道恐怕也只是装模作样，最后徒留一身不痛快罢了。

八、大德寺方丈院

去大德寺的方丈院参观时，发现伽蓝中有一个箱子长得像老商铺用的钱柜一样，上面写着“账单盒”三个字。

方丈院正面这座由小堀远州[14]设计的庭园同样十分单调，地面同样铺满了白沙，除了左手边的几棵树、树与树之间的立石以及前方的两三块石头之外便别无他物，虽然我知道在庭园中加入比睿山和东山元素是远州的惯用手法，但我依旧不能理解这石庭的立意。周围没有任何东西能够安抚我的不解，而洋溢在庭园中的沉重氛围反而压得我喘不过气，看来这座庭园的无情与拘谨足以给我的内心带来不良影响。身为设计者的远州必须解释他把立石摆在树木之间的用意！——带着这样的想法，我默默地离开了方丈院。

14◎小堀远州（1579—1647）：安土桃山时代至江户时代前期的大名、茶道家、建筑家、造庭家和书法家，远州流茶道的始祖。

九、大仙院

不同于龙安寺，相阿弥在设计大仙院石庭时，借助大量形状复杂、大小各异的石头模拟出了一条瀑布之下的潺潺溪流。小桥下游的溪流中有几块从沙中探出脑袋的舟形石头，看来是在利用这些石头摆出小船顺流直下的风景，那大得略显笨拙的舟石也为看客增添了不少乐趣。现在想来，要在这样一个狭小的庭园里通过这些密密麻麻、大小各异的石头勾画出如此风景，恐怕也不是一般人能够做到的事情。

来到下游我才发现这座庭园还特地用上了近大远小的远近法来营造更为幽深的视觉效果，虽然看起来有些可笑，但这样的设计非但不是孩子们的一时兴起，反而出自那位著名的相阿弥之手。收集这么多形状大小各异的石材一定要花费不少工夫吧。不过，也正是因为在京都，相阿弥才能收集到这些材料，在江户根本找不到这样秀逸的石头，所以京都名苑众多跟它丰富的石材有很大关系。而且，这庭园里的任意一个石头都是极品，它们无不在悠久历史的打磨下显得极具风韵。

这狭小的空间在造庭时一定也给植树工人带来了不小的麻烦，而要通过笨重的石块来实现如此复杂的手法更是难上加难。

十、聚光院

我们在聚光院见到了利休墓。

听说这朝鲜的石塔是利休生前的最爱，石塔的底座刻有十六尊浮雕佛像，其形态如云烟般柔和古朴，石塔中部是用于置放灯火的石灯笼，而石塔顶部那突出的相轮正呆呆地伫立在并不像帽子的塔帽上——看来这的确是一座利休会喜欢的朴素石塔。灯笼之上呈角状的石雕与鸟居有几分神似，使底座的佛像看起来更为神圣。但毫无疑问的是，这座塔的凄清之美主要来源于塔顶的相轮，而它那与“优雅”二字相去甚远的奇特外观也同样令我大开眼界，像这样沉重而不笨重的寂寥感恐怕踏遍大江南北也难寻其二。利休将这座塔作为自己墓碑的心境应该与细川三斋[15]有些相似之处。

尽管聚光院内还有许多五轮塔，但唯独此塔前放着一个盛有少许水的饭碗大小的石臼。虽然这样的石臼我是第一次见，但庭园装饰品中应该不乏与之类似的盛水容器吧。另外，石臼的暗红色调也十分有趣。

15◎细川三斋（1563—1645）：战国时代至江户时代前期的武将、大名，曾先后效忠于足利义昭、织田信长、丰臣秀吉和德川家康。同时他也是一位著名的茶道家，是三斋流茶道的开山鼻祖。

十一、高桐院

高桐院的入口散发着一股质朴的乡村气息。

我和佐分先生被领进一间昏暗的客房，并和两位先客——一位老妇人和她的儿子——互相作了寒暄，看来寺院会使人变得更重礼节。老妇人看起来像是出身上流阶级，总在嘀咕着一些贵人的风言雾语。

在高桐院，有方丈亲自为我们搅拌并端上抹茶，我已经记不得自己有多少年没有喝到过如此漂亮的浓绿泡沫了。佐分先生因为精通茶道，所以从坐姿到手势都有板有眼叫人赏心悦目，而我则只能事先坦白自己对茶道的一窍不通，乖乖地按照自己的风格来品茶，毕竟不懂装懂反而会使自己更加难堪。我难得地想起了曾为僧侣的父亲，童年时他也曾为我搅拌过美味的抹茶。现在看来，父亲一定非常喜欢茶道吧。

方丈又为我们端上了纳豆。据说纳豆是大德寺人每年都会制作的茶点，它的味道与饱含盐分的乌鱼子有几分相似。听到我说这纳豆适合做下酒菜时，方丈笑了笑，说道："说不定真是如此。"后来佐分先生在我给的香火钱的基础上又添了一些钱，吩咐人将这些美味的纳豆装进白纸，准备打包带走。

"等回到东京，我一定要用它们来做下酒菜。"看着包有纳豆的白纸，我暗自盘算道。

接下来我们又参观了细川三斋生前钟爱的石灯笼，它的外表朴素而单纯，像是一位白发苍颜的老人静静地守在细川三斋墓前，其躯干也纤细得恰到好处。据说在参觐交替[16]的旅途中，细川三斋每到一个客栈都要就地建起这样的石灯笼供自己观赏，其对石灯笼的钟爱于此可见一斑。最后他甚至留下遗嘱，说要以这石灯笼作为自己的墓碑，因此今天我们才能在他的墓前与这石灯笼打上照面。以现代人的眼光来看，这位在旅途中都要随身携带石灯笼的三斋先生无疑是一位十足的怪人，但我们只要知道他最后甚至将这石灯笼做成了墓碑，就会发现他的心情其实不难理解。

环绕石灯笼的石栅栏中镶着一扇很难推动的石门，这扇刻有细川三斋家徽的石门经过多年的风吹雨打，在青苔的装饰下显得更具韵味，是对看客而言不容错过的景观之一。

高桐院的袈裟形洗手台也广为人知，其外形与袈裟一样呈四角形，约有古井大小，看起来分量十足，十分壮观。佐分先生说这洗手台应该再高一些为好，对此我也深表赞同。

高桐院正殿的天花板上挂着几个中国的纸糊灯笼，看上去已经有些年头了，据方丈说，他觉得总把这些灯笼关在库房里有些可惜，才将它们挂在了这里。虽然灯笼的火

16◎参觐交替：幕府为了牢固控制藩主而采取的制度，即藩主必在江户设一居所，把妻、子留在其中作为人质。藩主必须轮流驻江户一年，定期到将军府报到，参加各种仪式和接受军务。

光略显昏暗，但这反而使它更具美感。

高桐院的踏步石让我很是满意。这些大大小小的踏步石仿佛个个都经过精挑细选、千锤百炼，同时也一如既往地生着苔藓，让人倍感怀念。高桐院的茶室也很漂亮，茶室门口放着四块用棕榈绳打着十字结的石头，据说这些石头叫作“止步石”，旨在提醒游客“此地不得进入”。也许是在石庭中走得久了，进入这高桐院的茶庭[17]之后，我总觉得自己的内心安逸了不少。

十二、无邻庵

无邻庵是山县有朋先生的别墅，瀑布右侧是一片草木萧疏的枯树林，河岸水浅石低，反映出了山县先生的细微嗜好。另外，京都独有的似烟似雾的浑浊空气也为这座新建不久的庭园增添了不少美感。

虽然在来之前，佐分先生告诉我这个池塘最令他感到敬佩的就在于池塘里面没有鲤鱼[18]，不过由于现在池塘已经有了一定深度，我们时不时就能在漂浮的树枝下发现大

17◎茶庭：附属于茶室的庭园。

18◎由于不好在池中饲养鲤鱼的山县有朋先生喜欢往池中撒入诸如香鱼之类的小鱼，并十分享受它们在浅池中欢快活泼地跳来跳去的样子，所以别墅中的池塘最开始只有2至3厘米深，根本饲养不了鲤鱼。而等室生与佐分二人前来访问之时，池塘已经被挖深了，原先没有的鲤鱼也被撒入池塘之中，所以佐分先生会“弄错”也是情有可原的。

量鲤鱼。

“水这么深，若是不养鲤鱼岂不白费了？要是哪里有没有鲤鱼的池子我一定要拜会拜会。”我说道。

即便自己曾经喜爱的庭园已经变了一副模样，但我依旧能感受到佐分先生对它的热爱。当我们准备离开的时候，负责留守在寺庙的女人貌似也是京都人，她非常热情地向我们告别道：“二位慢走！”

十三、西芳寺

西芳寺因其寺内长满厚厚的青苔而被称为“苔寺”，即便是在树木萧落的冬季，满面的青苔依旧不遗余力地将绿意送到寺院的每个角落。

“室生先生，您瞧瞧，那松树根甚至爬到桥上去了。”今天负责为我带路的大河内传次郎君从背后拍了拍我的肩膀说道。

西芳寺的阿姨也很是热情，表示如果我今晚要在此停留，她愿意为我提供客间。大河内君见状应声说道：“请您今晚务必在此留宿。”

“我还是喜欢住在城里。”

“您现在还常去咖啡馆吗？”大河内君又追问道。

我无奈地点了点头，心底涌起一股说不清的苦闷。

如夏天般清澈透亮的池塘水让塘底的浅绿水藻一览无

余，西芳寺的阿姨身着伊贺裤[19]，面向池塘说道："我非常非常喜欢这座庭园，每当我走进庭园，就会把什么烧饭啊针线活的事情忘得一干二净。像那些没长青苔的地方啊，只要在上面放些红土，撒上些青苔的粉末，过不了多久就会跟别处一样生起厚厚的青苔。"阿姨看上去非常健谈，话音刚落不久便又开口道——

"这块小踏步石其实是我敲进去的。"

"现在寺里也牵了电话线进来，以后您要是有什么事儿，请尽管和我们联系。"

"我看今年年底打巧开了两朵菖蒲花，就在元旦把它们剪下来献给了佛祖。"

"我本是要来这里扫地的，却总想着等会儿再扫等会儿再扫，结果出来了半天也没扫成多少地。"

…………

阿姨讲起话来总是眉飞色舞，绘声绘色，她那洪亮的嗓音也响彻山间，久久没有停息。

据阿姨所说，西芳寺后边的竹林足有五万平方米，一年光是竹笋和竹材的收入就有三千圆[20]。而竹林间白头鹎那绵绵不绝的高鸣声听起来也尤为刺耳。

当我们沿着遍地槲果的小径走进山中之后，出现在我

19◎伊贺裤：一种将膝盖以下添加绑腿弄窄的裤裙，原先多为武士的旅行着装，后来成为旅行商人和农民的工作服。

20◎三千圆：大约相当于现在的1400万日元。

们眼前的是模拟了枯山水[21]的石头大军。考虑到这座由梦窗国师设计的庭园的地势之高，在南北朝时代[22]要运来如此数量的石头想必绝非易事。在归途中，我发现生长在西芳寺入口白色围墙下的金发藓也格外漂亮，虽然薪一休寺的金发藓也丝毫不显逊色，但漫山遍野都为青苔覆盖的地方则除了西芳寺外难寻他处。尽管一路上西芳寺的阿姨总喋喋不休地向大河内君讲述青苔小偷的事情，但出了寺庙之后，大河内君还是称这位阿姨可真是个热心肠。

等我们到达天龙寺时，天已渐渐暗了下来，昨夜的薄雪也只留下了少许雪痕，划过松树的凛凛寒风冰冷刺骨——

"京都可真冷啊。"我哆嗦着说道。

"这也是京都最让我头疼的地方，"大河内君鼓起了被冻得通红的脸颊，"因为我也怕冷。"

当汽车从降起小雪的岚山山脚驶过时，四处已经是一片漆黑。

21◎枯山水：用石沙来模拟山水风景的无水庭园。

22◎南北朝时代：指1336年至1392年间日本历史上皇室分裂为南、北两个天皇的时代，位于镰仓时代与室町时代之间。在这段时间里，两方有各自的皇位承传，也有各自的朝廷并立对峙。

十四、广播台

此前，大阪广播台的人曾邀请我讲解俳句，不过被我以没有广播经验为由拒绝了，这次他们又说京都的广播台安静，很适合我，请我去那里讲解俳句，于是我就趁着这次京都之行去了一趟。想当年在明治大学担任讲师的时候，一上讲台我就紧张得几乎要昏死过去，所以只上完一节课，我就把这讲师的工作给辞了，但这次我可是有备而来——以一张原稿念一分钟来算，我准备的原稿足足够自己念上两天，接下来只要在朗读时不出差错便可。不过后来躺在三等卧铺上时，想到接下来的广播，我还是紧张得难以入眠。

三等卧铺是个极为闲适的好地方。天亮时，先醒的人会为我们拉开走廊窗帘，所以我能够一边躺在中铺，一边欣赏那洒满温暖晨光的冬枯麦田，眼前的美景让我不由得想吸上几根香烟，但考虑到上铺和下铺的人还在睡觉，我只好用纸作烟灰缸，一边眺望窗外风景，一边偷偷地吸上一口，不过这如同偷尝禁果般的刺激感反而让香烟变得格外美味。睡在我正对面的人刚才还一脸不痛快，可看到我在吸烟之后，他也如释重负般地掏出烟吸了起来。不一会儿，他从包里拿出了一个镍制的、像是香皂盒盖子的东西，并将烟灰抖落到这个盖子里。我不禁为他的聪明主意而感到敬佩，而正当我的烟灰快要掉下来的时候，他又将这个镍制盖子递到了我的面前——

“您不妨把烟灰弹到这里。”

这让我感受到一股奇特的人情味。“这可真麻烦您了。”我连忙答谢道。

“所谓车到山前必有路，以我今天的运气，广播也一定不在话下！”——在早晨淡云蔽空、略带春寒的七条车站，我满怀期待地走出了车厢。

事先我已经拜托花店的师傅替我找好了住处，是位于七条大道死胡同的一处没有旅馆嘈杂气息的安静民家。因为要放给出门上班之前的人们听，所以每天七点四十分广播就要开始，这让习惯早起的我都有些吃不消。下午我忘记把自己的住所告诉广播台，直到后来在街上散步时我才想起此事，便赶紧走进电话亭。可在东京都没有打过电话的我既看不懂京都特有的遣词，也不了解公共电话的使用手续，就像在国外用英语打电话一样慌慌张张，不知所措。电话接通之后，我才知道接线员待人是如此的亲切而有耐心。

清晨六点，我从睡梦中苏醒时，窗外还是一片漆黑。旅馆的用人先为我端上了一碗热汤，然后才开始准备做饭。由于昨晚我已事先通知广播台，让他们早点来接我，所以时间刚过七点五分，广播台的专车就早早地来到旅馆门口等候。因为外套和帽子总让我感到浑身不自在，所以在上车时我只披着一身在旅馆时穿的便装。从旅馆到广播台大概还有十分钟的车程，我心想这既然是广播台的车，那我也没什么好介意的，便开始大声地朗诵起了自己的演讲稿。

广播台没有喧嚣和吵闹，宁静而温暖，让人心底无比踏实。随后一位播音员也走了进来，不知为何，在与他交谈的过程中我总能感受到一股难以言表的亲近感，就好像在面对今天来学校监督我上课的家长一样。

“因为我是第一次参加广播，比较紧张，请问可以允许我提前五分钟坐到麦克风前面吗？”我的话音刚落，那位播音员便将我领进了广播室——

“等我介绍完，您就可以开始念稿了，用比您刚才说话时稍微大一点的音量就好，嗯，对，差不多就这样……接下来有请室生先生……”

——这时就轮到我来讲话了。最开始的三四张稿子因为我读得太过投入而导致语速偏快，所以在读接下来的两张稿子时我又有意地将速度放慢，可没过多久我的语速再次变快，等回过神来已经读完了三四张。我心想正因为看不到听众，所以我更应该要沉住气才对，于是我又打起精气神，准备重整旗鼓，可这回我却发现自己念稿念得有些装腔作势、得意忘形了。正当我为自己的飘飘然而心生愧疚之时，我感觉原先坐在我身后的播音员似乎已经悄悄地离开了广播室。“究竟是我的演讲不堪入耳，还是他本人有什么急事要办呢？”——可没等我想出个所以然，那位播音员似乎又已经悄悄地回到了原先的位置上，这着实让我宽慰了不少。读完了二十四页演讲稿之后，我瞄了瞄此前一直想看而不得看的手表——比原计划的三十分钟多用了两分钟。我向后挥动左手示意自己已经把稿念完，于是播音员才走上来告诉我可以自由活动了。

回到休息室之后，我的身体才开始微微颤抖起来。“刚刚我去外面听了听，您的声音非常清楚。”播音员说道，看来他的确中途离开了一阵子。

“我能拿个六分吗？”我追问道。

“您的语速稍稍快了些。”

回到旅馆之后，女佣上来便夸我讲得清楚，而在听到我说自己口吃了三次之后，她也只是云淡风轻地说了句“原来如此”。

由于中间休息一天之后我又得赶早去广播台进行演讲，便又在前来迎接我的专车里提前演练，此时京都街上的商贩们似乎也刚起床不久。到了广播台门口，迎接我的依旧是那位穿着制服的门卫，不知为何，尽管我只跟他打过三次照面，却已经有了一种与老友相见般的亲近感。虽然今天的播音员并非上次那位，不过我们还是很快就熟络起来，并一起进入了广播室，在里面静静地坐了五分钟之后，才开始今天的演讲。室内的隔音装置使我的声音听起来更为低沉，不过这反而给了我更好的状态。虽然上一次演讲的时候我根本无暇喝汤，不过这次为了获得喝汤的闲暇，我事先便开好了碗盖，并将碗放在手边，以便随喝随拿，这汤果然美味极了。虽然我已经尽可能地放慢了自己的语速，不过最后还是没能摆脱超速的魔咒。尽管这次演讲比起上次轻松了不少，但到了休息室之后身体果然还是会抖个不停。也许这个颤抖既来源于工作顺利完成后的安心感，也来源于因工作告一段落而产生的新忧虑。

乘上返程的汽车之前，不知怎么的，在面对播音员和那位默默目送我离去的身穿制服的门卫时，我感到了一股以往从未有过的亲密和惜别之情。也许是之前我对广播的担忧和厌恶加剧了我对他们的怀念。

回到旅馆之后，女佣一边为我倒上茶水，一边开口道："这次我听得可清楚了。"

"中途我咳嗽了一下，你听没听见？"我询问道。

女佣答曰："我不小心听漏了。"

后来，东京广播台的多田不二君也来到了我在京都的住处，说我的演讲"咬字清楚，思路清晰，相当值得一听"，原来他出于担心，已经在大阪听过了我的演讲。

"你肯定是在被窝里听的吧。"

"看在老朋友的分儿上，我怎么也得起了床再听不是？"

"广播真是太折磨人了，事前又要准备草稿，又要注意不能惹上风寒，前一天晚上还不能熬夜，饭也不能吃太多……"说着说着，我觉得自己好像完成了一件了不得的大事。

其实在京都参观寺院的时候，我也常常因这广播的事情而忐忑不安，后来我见到大河内传次郎时，也向他提起了此事，他说道："我也时刻注意着自己的健康状况，昨天拍戏才拍到一半我就有些晕乎乎的，可把我吓了一跳，还好没过多久就恢复正常了。最近我总是非常在意挥刀之后的脚的动作。"

"原来脚的姿势也如此重要吗？"我不禁在内心感叹道，因为平时我根本没怎么注意看过演员们的脚。

十五、飞云阁

京都不愧是阵雨之都，自我来京都之后就没有一天是不下雪的，在阳光明媚的日子里有时候也能看到天空中飘着小雪，随后它们又会悄无声息地消失得无影无踪。得知今天我要离开京都，旅馆的老板娘便来到我的房间，拜托我为她们题上几句——这也是我之前与她们做下的约定。

"小女说如果我不方便，她会亲自来拜托您。"老板娘如是说。不过，在我停留在这间旅馆的一周时间里，我只在洗漱间看到过一次老板娘女儿的背影，听过两次她的歌声，却从未见过她的正脸，看样子，这位老板娘的女儿是有意在躲着我。

正当我在短册上肆意地挥动着毛笔时，旅馆的女佣走了进来，默不作声地为我倒上了茶水——于是在原来母女二人的基础上，我又得多写一张。但非常不巧的是，此时我已经没有多余的短册了，而我又不忍看到女佣那得知真相后泫然欲泣的样子，便约定等日后回到东京再另寄一份给她。

我见大河内传次郎君迟迟未到，便打了电话过去询问究竟，答曰“我这里也一直等着您的电话呢”。由于大河内君现在才从家中出发，我便决定趁他来之前先去外头吃一顿午饭。当我在七条的一家名不见经传的料理店中吃过它那拙劣的炸鸡肉和一个苹果之后，店内的女侍走了过来，问我要不要喝酒。

“我白天一般不喝酒，你呢?”我说。

女侍的一对青眸直勾勾地看着我说道：“从今早到现在差不多喝了五瓶。”

听她说话略带东京口音，我便问她：“你是东京人吗?”

“我的老家在浅草。”她回答道，语气中还带有几分轻蔑。这些流落到京都的人似乎大都瞧不起京都人。

回到旅馆之后，没过多久大河内君就到了，今天他也和往常一样略带酒气，脸颊也像个老美少年似的被染得通红。我问他为什么要在白天喝酒，他说是因为自己把儿子留在了大阪，寂寞难耐。在位于日活摄影棚附近的家中，他每日只能与自己的司机为伴，所以会想喝酒也是在所难免的事情。

我又对大河内君说道：“其实今天我想去本愿寺的飞云

阁看看的，但还缺一个能带我参观的人。”

“您直接拜托我不就完了吗？”大河内君说道，“昨天因为没见着您，我就去新京极大道那儿小喝了一杯，正巧碰上了国定忠治[23]的电影放映会，就在旁边瞅了瞅，想到当时在伊藤导演的带领下，我们拍起戏来个个不顾前后，充满热忱，所以在不知不觉中我又把它看了一遍。”

“这部电影好就好在这股野劲儿上，跟当时比起来，现在大家都已经是名人了。”

大河内君笑了笑：“看来我们也必须要稳重一些了。”

等我们来到本愿寺之后，时针已经指向了下午四点，负责接待我们的人说，现在天色已近黄昏，飞云阁是不让进的。虽然他口中的“黄昏”二字我们听得清清楚楚，可我们的各种请求他却丝毫不愿放在耳边。直到大河内君说出了介绍人的名字之后，她才终于愿意回过头来搭理我们，于是我和大河内君便只好无可奈何地将我们的名片递交给她。没想到这个刚才还对我们不屑一顾，准备用“黄昏”二字把我们打发走的人突然笑容满面、恭恭敬敬地请我们入内参观。即便是在这个时候，大河内君的神色依旧柔和而稳重，没有一丝波澜。

飞云阁的庭园荒芜得毫无京都庭园的风貌，看样子已

23◎国定忠治（1810—1851）：江户时代后期的侠客，或作忠次。“国定”的由来是出生地上野国（上州）佐位郡国定村，本名是长冈忠次郎，他经常作为救济农民的侠客出现在演剧作品中。

经很久没有被人打理过了。园中的石头上还整整齐齐地摆放着五六棵蕨菜茎，像是小孩进来玩耍之后留下的。虽然大部分石灯笼都已经没了灯笼帽，但它们无论从年代还是从品位上看都极为上乘，它们因风吹雨打而渗入肌肤的伤痕更是令人难以忘怀。“要是能拿到这样的石灯笼就好了。”大河内君游走在石灯笼之间说道。这庭园中似乎一共有十二三座石灯笼，其中甚至还有一个像是产自朝鲜、顶着三顶塔帽的五轮塔被掩藏在草丛之中，让我们感到十分惊讶。

随后我们又在飞云阁内参观了丰臣秀吉的蒸汽浴室，这个浴室只有三平方米，从远处看去与佛龛无异，从浴室地板的缝隙间会不断有温暖的蒸汽涌出，而在这个蒸汽浴室之外，是足足有十六平方米的洗浴间，想必每当秀吉从浴室中出来时，都会有美丽的婢女正在此低头跪坐着迎接他吧。

十六、小雪

当我们离开本愿寺之时，天上已经飘起了小雪，刺骨的寒风使我们的衣物变得毫无意义，仅仅是站在室外，就有一种如同冬泳般透彻心骨的凉意。在加茂川的河畔看过那依旧满面翠绿的草地之后，我们又尽量把车开到那些有着悠久历史的古老小镇里，最后当我们驶向寺院与寺院之间的小路时，眼前突然出现了一条明亮的路。

“这地方我也没来过。”大河内君说道。

这时突然从黑暗中冒出一个巡查，对我们训斥道：“这个地方连二轮手推车都不好通过，你们居然开车过来，真是太乱来了。”听到大河内君念叨了几句之后，巡查又说，“这位客人您请不必多言。”——看来在京都，就连巡查的语气都十分和善。

最后，司机不得不暂时将自己的驾驶证交由这位巡查保管，他向我们解释道：“我开车的时候就觉得有些不妙了，不过这地方我也不熟悉，所以……”

“对吧，我就觉得这地方我们没来过，待会儿你可得去巡查那里让他好好教训你一顿。”大河内君说道。

“待会儿我一定好好接受巡查先生的批评教育。”这位身形瘦小、为人和善的司机回答道。

后来我们决定在草鞋屋[24]用晚餐，不过我们被带进了一个没有一丝火光的房间，只有彻骨的寒冷在等待着我们。等暖炉中终于生起了火，我才终于有了点重获新生的感觉，可正当此时，店员走了进来，说是又来了三位客人，想请我们换到更小的房间，话音未落，那店员便已经开始收拾起了东西。就算能够换到生了炉火的房间，但想到又要挨

24◎草鞋屋：创业于1624年，有着近400年历史的京都老牌鳗鱼料理店，因丰臣秀吉曾脱下草鞋在此休息而得名“草鞋屋”，现如今店门口也依然挂有巨大的草鞋，是为店铺之象征。

一次冻，我就一百个不情愿。

大河内君询问道：“可以让我们继续待在这里吗？”可由于他的语气太过漫不经心，仿佛在告诉店员“我们也不是不能换”，所以我只得一动不动地坐在凳子上，斩钉截铁地说道：“我已经冷得走不动路了。”这下我们才终于避开了再次挨冻的厄运。

又过了许久，大河内君抱怨道：“这家店可真过分啊。”吐完苦水，他的表情又恢复了往日的平静，目光柔和而没有一丝锐气。

“我觉得自己是个急性子，可他们总说我是个慢性子。”大河内君说道。

“刚才我都想把那老女人大骂一顿呢！”说罢，我越发觉得比起我们在电影里看到的大河内君，反倒是现实中的大河内君要成熟稳重不少。

接下来我们又去了宫川町的一家茶屋，可茶间内一个艺伎都没有，而且不管我们如何催促也无人应和。等大河内君走进厨房不断叫唤某人的名字之后，老板娘才终于走进茶间向我们表示歉意。“你们可真悠闲啊，太阳才下山没多久就睡上了。”说罢，大河内君便登上了二楼。等我喝完了一杯酒，艺伎们才陆陆续续地走了进来，可来者尽是些眼角上扬、鼻梁尖挑、面黄肌瘦的残花败柳。还有一个舞伎的面庞与人偶如出一辙，不禁让人涌起一股恶寒。

此时的大河内君依旧是笑容满面，他袒露出外套下的衬衫，像个品酒家似的小口小口地啜饮着。与乐享其中的大河内君相比，我似乎显得过于紧张而缺乏从容了。

因为今晚要乘坐十一点半的火车返回东京，我便告诉司机自己十点要见客人，让他在四条大道的十字路口放我下车，然后对大河内君说："反正距离发车还有一个多小时，这段时间我想先独自喝点酒再和京都道别，你就先回去吧。"

"既然这样，那你就把车开到四条大道的正中央吧，毕竟先生待会儿好像还有人要见。"大河内君吩咐道。这个人喝醉之后就会变得异常美丽，若要溯其缘由，大概是因为他是一位真正的老美少年吧。

在四条大道下车之后的整整一小时里，我都在一间小酒馆里独自饮酒。

"这里的人都是从九州来的，您放心喝便是。"一个操着京都方言的女人说道。

"九州的女人怎么说起了京都话？"我说。

"因为我一离开九州就开始学京都话了呀。"女人答道。

当时针指向十一点之后，考虑到在剩下的三十分钟里乘车需要十分钟，回旅馆取行李需要五分钟，从旅馆走到火车站需要五分钟，于是我又挤出了十分钟的喝酒时间。京都酒馆里的女人有的温顺老实，有的粗鲁蛮横，而那些身穿西洋服饰、留着短发的女人与她们口中的京都方言更是格格不入。无论我做什么，她们总是满口“谢谢”，甚至给我一种被戏弄的感觉。后来，为了取苏打水来醒酒，我又顺道去了趟位于四条街角的一家名叫长崎屋的茶馆，令我惊讶的是，这里竟然云集着众多京都知识阶层的青年男女，其中不乏一些落落大方的美女，而且她们都具有一种东京人所没有的从容。

十七、京都的街道

今天我又在路上见到了一只拉货车的狗，拉车绳紧紧地拴住了它的脖和背，尽管它看起来已经十分疲倦，却依旧头也不回地拉着货车向前走，叫人十分心疼。再和一旁闲适安逸的车夫比起来，这累得气喘吁吁的狗就更叫人目不忍睹了。

去了公共澡堂之后，那里的人给了我一张名叫五厘券的东西，据说只要集齐十张五厘券，就能免费进去洗一次澡。面对这样一个充满魔力的道具，我自然没有拒绝的道理。相较于东京的澡堂，这里的澡堂要更昏暗一些，有两个人正在大浴缸中泡着药水浴，而已经泡完的人则躺在地上，以木桶为枕。虽然乡下也有类似的风俗，但至少在东京我从未见到过这样的浴客。另一件让我感到惊讶的事情是，有一位浴客在泡澡的时候一直开着冷水的水龙头不关，哪怕后来自己已经出了浴缸，开始冲洗身体，他也依旧没有关上冷水的水龙头。等我急急忙忙地关上水龙头时，拜他所赐，浴缸的水已经温得不适合泡澡了。早知如此，当初我就应该乖乖地在旅馆的澡堂里泡澡，而不是特地来这里找罪受。

有一家锯子店的门帘上写有“打磨锯齿”四个白色大字，并在旁边画了一把锯子。几次经过这家店之后，它的门帘给我留下了十分深刻的印象。只记得那锯子的锯身一片漆黑，而它的锯齿则如小刀般锋利。

这家店的旁边是一家佛珠专卖店，里面的佛珠有大有小，有长有短，还有几颗佛珠甚至大得令人头疼。每当经过这家店时，我都会在心中自念自答道：“对，这就是佛珠。”然后放空身心，别无他念，但不知为何，这些佛珠却令我久久不能忘怀。

坐在车中观察京都街道时，一块写着“百足屋”的牌匾勾起了我的好奇心——它究竟是家做什么生意的店铺？店里卖的是百足[25]，还是袜子？虽然像这样的问题只要回旅馆向人打听一下便能立马解决，但这样未免显得有些过于无趣了，所以我只好在车上一个人自说自话，猜想这“百足屋”之名的来由，或许它还是某户人家的家名呢。

我在想，京都寺庙的参观费用也许可以从不统一的小费改为统一的香火钱，像西芳寺就将入寺费用定为每人20

25◎百足：指代蜈蚣。

钱，其他寺院是不是也可以借鉴西芳寺的这一收费标准呢？然后如果来客有三位，就只收50钱，这样如何呢？

京都的女人说话温柔端庄，而男人则和善得过了头。当我一下火车就开始找出租车的时候，一位人力车的车夫噌的一下站到我的面前，热情洋溢地说道："同样的路程，出租车收您50钱，但我只收您一半的价钱。总之坐我的车是不会让您吃亏的！您看怎么样？"

"您说的是，旅行不必争分夺秒，车夫先生，请载我到七条河原町！"

十八、旅愁

来京都参观寺院或庭园的人大多待上两日左右就会踏上返程，不过那些为庭园而来的人一天能观赏的庭园数量至多不会超过三座。一般来说，一天观赏两座庭园便是恰到好处，而我虽然有过一天观赏三座庭园的经历，但如果不把感想记录在笔记本上，哪怕再漂亮的景色也是过目即忘。

不管在哪座寺院里，伽蓝的走廊、门、纸窗和铺着木质地板的房间都被煤烟熏得锃亮而美丽。在煤烟熏染下呈浓褐色的木材有一种说不出的古朴。另外，因京都湿润气候而生出的苔藓与瓦片的华丽外观相映成趣，看起来甚是漂亮。

去太秦村拜访大河内传次郎君时，我发现他比四年前胖了一些，面色也红润了不少。因为我还没看过鼠小僧[26]的后篇，而今晚又是它上映的最后一天，于是我便和他一起去城里见识了一下。虽然不知道看自己主演的电影会有怎样的感受，但大河内君自始至终都默默地紧盯着荧幕，一声不吭地看完了整场电影，而我在观影中也是只字未发。

听说在京都市内的人家中，有一些小型庭园设计得相当漂亮，而实际上走在京都市内我却没有见到过一座如传闻中漂亮的庭园。不过，这里倒是有一些不同于名园，让人想要为其注入活力的好庭园。京都的上午总是阴沉沉的，哪怕太阳已经升起，朦胧的晨光依旧不敌清晨的微寒，而庭园中暗绿色的苔藓也在树荫的庇护下显得更为阴郁。也许，正是京都的空气、湿度和不快活的阳光孕育出了如此美好的京都庭园。

京都女人的遣词总带有一种亲和力，但她们温柔的辞藻实际上并不一定和性格相关。

不过，也许是因为我平时听惯了东京的尖锐语调，当那些悄悄进屋打扫房间的旅馆女佣们时不时向我搭话时，她们柔和的语气都让我感到无比平静而畅快。虽然

26◎鼠小僧（1797—1832）：江户时代后期的盗贼，本名次郎吉，后来其事迹被多次改编为电影，而室生等人观看的正是1933年上映的由大河内传次郎主演的鼠小僧系列作品第三作。

在外面听不太出来，但进入旅馆安静的房间之后，京都女人的话语就显得格外温柔。——对于像我这样极少出门旅游的人而言，京都的女人至少能让我感到一点旅行的忧郁，即便她们有些可能不漂亮。也许越是不漂亮的人越能使我感到忧郁。美人总让人感到喧嚣，而越是不漂亮的女人就越是娴静，而气质好的丑女更是有一种超乎美女的阴郁风味。

十九、笔记本

多田不二[27]君昨天深夜从东京赶到京都之后，我把他带到了旅馆的别间，并叮嘱他早些休息，可第二天我起床时他还沉浸在梦乡之中。这个旅馆的庭园虽小，但园中也摆放有各种石灯笼和五轮塔，大大小小的景石上散落着如绉绸般的山茶花瓣。所谓的“旅馆”徒有其名，在停留于此的一个星期里，我从未见到过除我以外的客人。每天清晨，我都能在二楼听到楼下用柴火烧饭的声音。

见多田君仍未有一丝醒意，我便开始记录自己对此前所到庭园的印象。一天之内要是参观了过多的庭园，我对各个庭园的印象就会变得极为模糊，甚至感觉每个庭园

27◎多田不二（1893—1968）：日本诗人。后来加入室生犀星和萩原朔太郎主办的同人诗歌杂志《感情》。

的布局都如出一辙。不知是不是因为我主要看的都是石庭——而且它们还都出自相阿弥或小堀远州之手，每座庭园给我带来的感触都没有太大变化。虽然我是一边回顾笔记本一边撰写原稿，可由于笔记本上都是些毫无脉络的印象文字，所以就连我本人也看不太懂。比如笔记本上关于西芳寺的记载就只有“苔寺”“茶室”“西芳寺的阿姨”“伊贺裤”“青苔”“遍地槲果的小径”“梦窗国师”“石头大军”“五万平方米的竹林”等相互独立的词语，在外人眼里，恐怕这就是一本天书。

我在龙安寺附近的石雕铺中购入了一座高约一尺的五轮塔，并托人将其送往东京。这座五轮塔像是为死去儿童而造的供奉塔，它那工整的外形和厚重的年代感都叫人难以拒绝。也许是因为墓碑不太受人待见，这座建造于正德年间的五轮塔的买主只有我一人，所以它的价格比我事先预想的要便宜不少。

差不多写满三张纸之后，从楼下传来了某人入浴的水声，看样子多田君终于起床了。我们一起用过早餐之后，由于多田君说自己还要先去一趟京都广播台，于是我便和他约好时间在四条的一家名为长崎屋的茶馆会合，然后漫无目的地在京都的大街上四处晃悠。

下午一点我来到了长崎屋，这里的茶甘甜，面包也美味，我坐在洒满日光的窗边俯瞰着四条大道的十字路口，只见那些曾在这家店喝过茶的男男女女现在正悠闲地漫步于马路的另一边，想到他们曾经也像这样在窗边看着我和其他行人，我的心底便涌起一股难以言喻的奇妙感觉。

不知不觉中时间已经来到了一点二十分，我靠着窗，打算闭上眼睛小憩一会儿。在东京的时候，我总会晒一晒日光浴，可来到京都之后，我甚至还没能够好好地晒过一次太阳。在那些生满松树的寒寺中走走瞧瞧也只会给身体徒增寒冷，不知不觉中晒太阳竟也成了一种奢侈。也许是冷清久了，每当我进入这些有着几百年历史的老寺之后，其内部寒冷彻骨的空气和京都特有的寒冷就会像怨灵一样缠着我不放，所以我总要在喷嚏和咳嗽中参观这些披着霜衣的庭园。

多田君终于来了，当我睁开惺忪的睡眼——看来我的确睡了两三分钟——看到多田君的面庞时，方才小憩时的朦胧记忆也变得越发欢快，我对多田君说："刚才我做了一个梦，梦见自己在一个寺院的庭园里。"而多田君则一脸惊讶地看着罗列在盘子里的大量三明治，无奈地说道——

"这么多三明治只要二十钱？可真是便宜呀。"

这些三明治的确不是一个人能够吃完的。几片青青的黄瓜被夹在面包之间，提前向我们展示了早春的柔和色调。后来我将这一整盘貌似便宜的三明治吃了个精光，就连多田君的份也没有放过。

二十、圆山公园

出了茶馆之后，我们一路晃晃悠悠地走到了祇园[28]附近。

见我在打听祇园的情况，一位像是和服店店长的男人向我详细地介绍了游女的价钱和那里的风俗业，还说他正好也要去祇园，可以为我们带路。不过我们还是谢绝了他的好意，继续漫无目的地在大街上游荡。

后来我们在祇园附近的一家古董店里看了看，但店内并没有非常吸引我们的东西。而后我们又去石雕店里瞧了瞧，同样也是无功而返。走在白天的祇园街道上时，不知怎么的，我突然想要喝上一杯浓浓的绿茶，但又不太好意思走进这附近的茶屋，只能一味地迈着如同机械般的步伐，但接连而来的昏暗房屋又让我对茶水越发渴望。

芥川君在信中提到的，由砂糖和大豆固定而成的名叫豆板的点心果然味道浓郁，十分美味。因为我已经托旅馆的老板娘替我买好了御帘屋的绣针，所以接下来只要再找一找适合送给男人的特产便是，不过我找来找去，也未找到个合适的。

见圆山公园的烟草店里摆放着一个带有小抽屉的朝鲜小衣柜，我一边挑着烟草，一边客套地说道：“这玩意儿可

28◎祇园：京都市内最具代表性的闹市区和烟花巷。

真稀罕呀。”

“您有所不知啊，这个朝鲜玩意儿脆弱得很，和中国的东西没法比！”一位和尚模样的店员说道。

“圆山公园可真没意思啊。”多田君说。

“是啊，还在烟草店里放什么朝鲜柜子，虽然不知道他是不是真想卖，总之是个无趣的地方。”说罢，我又想起了刚刚那个眼睛直转悠的男人。

看着知恩院的石阶，我想起自己二十五年前也是在同样寒冷的冬日里踩着同样的石阶不断地向上走。而当时顶着一副穷书生的模样，坐在上田敏先生的书斋里滔滔不绝地谈论着诗歌的我还是个二十一岁的青年。

有一棵老梅花树开得正艳，但花儿看起来却沾满了灰尘。后来负责编纂史料的井川先生带着我们参观了这里的庭园。

看完庭园之后，我们三人来到祇园的一家小茶屋趁着黄昏喝上了几杯酒。

“不如把成濑无极[29]先生也叫来吧。”井川先生提议道。

“自从上次在轻井泽见到他之后，我们已经有四五年没见了。”我说。

29◎成濑无极（1885—1958）：德国文学家，京都帝国大学（现京都大学）名誉教授，本名成濑清。

成濑先生到了之后，我们聊起了宗瑛[30]先生和她母亲的话题，脸上还带有几丝童真的成濑先生打趣道："哎呀，我只是朗读了几句剧本的台词，就让宗瑛先生给嫌弃了。"

由于多田君今晚还要回东京，于是我们二人便早早地出了茶屋，片片薄雪在宛若黎明般的天空中轻轻飘舞着。在四条的一家酒馆喝了两个小时后，醉醺醺的多田君半闭着眼睛准备离开之时，店里的女人们问道："二位是东京人吧，敢问平时都在做些什么工作呢？"

"你看我们像是做什么的？"

"这我们哪儿知道呀。"

薪一休寺，西芳寺，龙安寺，高桐院——这些庭园中的苔藓苍白得如同梦幻一般，叫人印象深刻。

这些石庭中大抵都铺着粗糙的白沙，而这些白沙其实叫作南蛮沙，是一种和云母一样具有光泽的沙子。在东京，我从未见过铺有这种南蛮沙的庭园。

最令我高兴的是，远州、相阿弥和梦窗国师的想法与我的想法没有任何出入。只不过他们所造之庭园无不极为奢华而闲适，丝毫没有生活的艰辛，让我十分羡慕。而令我感到难过的是，在造庭时我总要受到自己生活和经济条

30◎宗瑛：原名片山总子，片山广子之女，在小说创作时使用"宗瑛"的笔名，同时她也是堀辰雄所作《菜穗子》中菜穗子的原型。

件的限制，所以我的园子里的任意一棵树、一块石头，都与“昂贵”二字无缘。不过，我们一般人只需要量力而行就够了，也许正是需要量力而行，造庭才会如此有趣。

二十一、餐车

不知是不是已经错过了早餐时间的缘故，等我走进餐车时，车厢中只有四五位客人在用餐。他们有的把啤酒当作早餐，有的正津津有味地嚼着米饭，有的正慢慢消化着大量西餐，还有一位因舟车劳顿而只喝了半杯红茶的妇人，这剩下的半杯红茶令我痛感女人体质之贫弱。在此期间，为了不让自己感到无聊，我尽量把时间都花在了品尝面包和红茶上面。随后我又花了整整三十分钟时间将报纸通读一遍，此时车厢中除了刚才那位喝酒的客人之外，其余都是些不同于先前客人的生面孔。

没过多久，迟起床的客人们就将餐车坐得满满的，我的正对面坐着三人，旁边也坐着一人，因此我只好将原先摊开的报纸给折了起来。而这样干坐着又让我心里有些过意不去，于是我又点了一杯红茶。

据餐车老板所说，越是习惯旅行的乘客，进餐车的时间就越晚，所以才会有这么多姗姗来迟的客人。餐车的服务员都是些身披围裙的少女，背后打着蝴蝶结，脸色看起来也不怎么健康。昨夜从京都和我一起上车的大学生打扮的三人正在角落里大声交谈着，他们嘴里嚼着西餐，一大早就喝起了啤酒。晚上睡在三等卧铺，第二天一大早就起来喝酒的豪迈之举对我这样年纪的人来说，无疑是一种难以想象的奢侈。他们那尖锐有力而朝气蓬勃的言辞在我听来就像噪声一样嘈杂。虽然喝完这杯红茶我的肚子就已经有些饱了，但若是什么也不做，光看着桌上的花和窗外的风景又会让我坐立难安，于是我又点了一杯绿茶和一些泡菜。

从太秦村驱车走了一段距离之后，一片将竹枝围墙包围的茂密灌木丛吸引了我的注意，这片灌木丛的前方是一条笔直的，带有几丝古风的白色乡村道路，这一经常出现在时代剧中的似曾相识的风景让我切实地感受到自己的的确确来到了京都。相比于关东原野之平凡，京都的风景则显得古老、深邃而令人怀念。离七条车站不远的地方有一片沼泽地，业已枯萎的茅草芦苇林立其中，其冷暗色调与凄清之感都堪称一绝，就像是一幅出自名家之手的画作。当这片茂密的芦苇丛渐渐淡出了我们的视野之后，电车又经过了一个不知是潟湖还是沼泽的地方，像这样的景色在东京郊外是绝对看不到的。

当与我正对面的客人用完早餐时，我才终于离开了餐车，不过此时竟还有人正在卧铺上呼呼大睡。回到家中之后，我那自我此次出行之前就已染上风寒的大女儿正在自己的房间里活蹦乱跳着，听说她的烧在昨晚就已经完全降下去了。之前我吩咐旅馆老板娘买来的人偶、竹凉鞋、豆板和绣针就是我为她准备的京都特产。这十天里，白天在外头我要四处走动，回到旅馆我又要埋头写文章，晚上则与酒做伴，一天天都忙得不可开交，所以回到自家之后，我甚至一时分不清之前的旅行究竟是现实，还是梦幻。正当我恍惚之时，那一座座冰冷寺院的庙堂、走廊和围墙再次浮现在我的脑海里，仿佛在告诉我，此次的京都之行是值得的。在为完成了长久以来的心愿而感到畅快之时，我的内心也被此行的丰富经历给塞得满满的。也许龙安寺才是我在此行中见过的最沁人心脾的庭园。

松江印象记——芥川龙之介

不过幸运的是，
这个城市的河水在我心中唤起的强烈爱惜之情足以克服我的所有反感。

一

来到松江之后，首先给我留下深刻印象的是贯穿了这座城市的纵横交错的河流，以及河流之上架起的大量木造桥梁。虽然松江并非唯一一个河流密集的城市，但据我所知，这类城市的河流之美一般都会或多或少地被架于其上的桥梁所扼杀。因为这类城市的人们总会在川流上架起三流的月牙形钢桥，而且建造这些丑陋的钢桥还是他们的特长之一。我很高兴自己在松江的每一条河流上都能发现值得自己喜爱的桥梁。而在发现其中有两三座桥梁的主要装饰还是古日本版画家在创作中经常使用的青铜拟宝珠[1]之后，我对这些桥梁也爱得更深了。来到松江的那天，当我伫立在绿水之上，看到那在薄暮中被雨水打湿而闪闪发光的拟宝珠时，一股难以言喻的怀念之情便立刻占据了我的

1◎拟宝珠：一种传统建筑物的装饰，经常被装饰在桥梁、神社、寺院阶梯扶手的柱子上。因为外观与葱花相似，故还被称作“葱台”。

内心。而与拥有这些木桥的松江相比，为了比肩神桥[2]而架起一座座丑陋的铁吊桥的日光市民真是愚昧得让人耻笑。

除了桥梁以外，第二个引起我注意的则是千鸟城[3]的天主阁[4]。天主阁，顾名思义，是同天主教一起从南蛮传入日本的西洋建筑技术的产物，不过在我们祖先惊人的同化力的驱动下，天主阁已经彻底完成了本土化，以至于已经没有人能在其身上发现任何异国情趣。如果说寺院的庙堂与高塔代表了王朝时代[5]的建筑物，那么天主阁则是唯一一个能够代表封建时代[6]的建筑物。不过，随着明治维新而诞生的，理应遭到唾弃的新文明功利主义已经在全国范围内毫不留情地破坏了这些伟大的中世纪城楼。想到这可笑的时代思想甚至孕育出了主张要填平不忍池[7]来建造房屋的论者，也许我们在面对这些破坏时，也只能一笑而过。因为那些投身于明治新政府的萨长土肥[8]的下级武士根本理解

2◎神桥：位于日本栃木县日光市上钵石町，是一座横跨大谷川的朱红色木桥。为世界遗产“日光的神社与寺院”的组成遗产之一。

3◎千鸟城：又名松江城，位于岛根县松江市的江户古城。

4◎天主阁：即天守阁。

5◎王朝时代：指天皇掌握政治实权的时代，即奈良时代与平安时代，在狭义上多单指平安时代。

6◎封建时代：指从镰仓时代到明治维新为止的武士政权时代。

7◎不忍池：上野恩赐公园内的天然池。

8◎萨长土肥：江户时代末期为明治政府提供人才的萨摩藩、长州藩、土佐藩和肥前藩之四藩的总称。因此四藩出身之人几乎霸占了明治政府的所有上位官职，明治政府也遭人诟病为“藩阀政府”，实际上在明治十四年（1881）政变之后，明治政府内萨长藩的出身者进一步占据了政府和军部的中核，而土肥藩则失去了其核心地位。

不了天主阁这样伟大的艺术作品。时至今日，还能从这些幼稚的偶像破坏者手中幸免于难，继续向后世传递日本骑士时代的宝贵记忆的天主阁已是屈指可数，而千鸟城的天主阁则正是其中的一员，为此我想向松江的人们表达由衷的祝贺。我希望，那在夕阳下往鸭啼不断、生满芦苇的护城河中投下孤独倒影的天主阁屋顶上的瓦片永远不会有落地的那一天。

不过，并不是所有松江市展示给我的东西都能让我心满意足。我在瞻仰天主阁的同时，还不可避免地要看到一个写着“松平直政公铜像建设之地”的打木桩。不，不止这一个木桩。我还得眼睁睁地看着几面古香古色的青铜镜作为铜像铸造的材料被堆放在木桩旁的铁丝笼里。在危急时刻使用梵钟铸造大炮[9]可能的确是迫不得已之举，但为什么一定要在和平年代破坏过去的美术品呢？更不要说其目的还是为了建造区区一座毫无艺术价值的小铜像。同样的，我也忍不住要批评嫁之岛的防波堤工程。如果说防波堤工程的目的是为了防止海浪的破坏，从而保持嫁之岛原有的风情，那么建造出如此丑陋的石堤，难道就不会有损嫁之岛的风情吗？当年咏出“一幅淞波谁剪取，春潮痕似嫁时衣”的诗人石埭[10]老先生要是看到了这个像是由春米臼拼

9◎黑船来航之后的1855年，幕府为了改铸枪炮，曾命令全国寺院提供梵钟，同时禁止寺院新造铜制或铁制的佛像。

10◎永坂石埭（1845—1924）：明治到大正时代的医师、书法家、诗人。

接而成的石堤，究竟会作何感想呢？

对松江，我既同情，又反感。不过幸运的是，这个城市的河水在我心中唤起的强烈爱惜之情足以克服我的所有反感。今后如果有机会，我会专门谈一谈松江的河流。

二

虽然刚才我所称赞的桥梁和天主阁都是过去的产物，但我之所以喜欢这些东西，绝不仅仅是因为它们属于过去，而是因为哪怕排除所谓“古雅”这样的偶然属性，单从艺术价值来看，它们仍然具有不等闲的特质。因此，我不仅热爱天主阁和散落在松江市内的众多神社和佛寺（最让我感兴趣的是松平家的墓园和天伦寺的禅院），同时我也丝毫不忌惮新建筑物的增加。遗憾的是，对新建于城山公园中的光荣的飞云阁，我只有索然的厌恶之情。但对于以农工银行为首的两三座新建筑，我倒是觉得它们还有不少值得认可的优点。

尽管国内大多数都市都以东京或大阪为其发展模范，但要成为东京或大阪那样的大都市，并不一定要走和那些城市一样的发展道路。可以说，用五年达成先进大都市十年才能达到的水准是后进小都市的特权。现在困扰着东京市民的，既不是屡屡遭到外国旅客嘲笑的小矮人铜像之建设，也不是以广告的名义拿着油漆和电灯尝试一些下等的装饰，而是道路的整顿、建筑的改善和行道树的种植。在这一方面，我认为松江市的条件可能比其他任何都市都要来得优越些。松江大小水渠的沿岸街道都井然有序，而四处可见的白杨树则是松江水乡的空气土壤与这些忧郁的落叶树相处融洽的有力证据。最后，松江那可与威尼斯媲美的丰富水资源还能让市内建筑物的窗户、墙壁和阳台都更具观赏性。

除了海水以外，松江几乎拥有“所有水”。从结着深红果实的山茶花下的浑浊渠水，到滩门外如同柳叶般若静若动的湛蓝河水，以及如同镜面般光滑而刺眼的鲜活湖水，各式各样的水都在这松江市内交错纵横，它们一面向我们展示出其光影的无限协调，一面将四处翱翔的燕子的倒影纳入怀中，孜孜不倦地发出神秘的呢喃。如果我们利用这里的水资源来规划滨水景观，也许就能建设出如西蒙斯·阿瑟所说的“水中睡莲”般美丽的都市。生活在松江的人们应该时刻考虑到水和建筑之间的密切关系，探索水与建筑和谐同处的方式，而不应该单把这个任务抛给一个松崎水亭[11]。

我相信，凡是在盂兰盆会上看过岸边人家挂起的切子灯笼在飘满八角香味的黄昏河水中投下静谧倒影的人，一

11◎松崎水亭：创业于1873年，曾是松江的代表性料亭，现为名叫“松之汤”的温泉旅馆。

定也会认同我的观点。

最后，我想把这两篇芜杂的印象记献给井川恭[12]先生，以表达我对他的感谢。

12◎井川恭：恒藤恭，旧姓井川，日本法律哲学家，大阪市立大学名誉教授，芥川龙之介之挚友。

桂离宫——野上丰一郎

艺术在其诞生之时最具活力。

障子[1]的光影

桂离宫书院正对庭园方向的拐角处有三个小房间，分别叫“一之间”“二之间”和“三之间”。

这时，在那一之间的障子上正好洒满了小阳春午后的明亮阳光。

下方没有木板的两面障子被左右两扇宽半间[2]的木门所包围，它们正静静地并列在一起，以其横竖六尺[3]的白色身躯抵御试图肆意闯入昏暗书房的强烈阳光。这个正方形的窗户——我们完全可以把这障子当作窗户——从右上角至左下角的下半部分被阴影染成了青黑色，这是由一之间隔壁建筑的屋檐所投下的阴影。而一之间挑檐的影子也在这个正方形的上半部描下了弯曲的波浪。

面对眼前这个出乎我们意料的黑白几何图像，我们不

1◎障子：原意为“遮挡物”，指在木框上贴上和纸的半遮阳道具，现在还包括拉门、窗户、窗帘、百叶帘和屏风。

2◎半间：1间约182厘米，半间则约为91厘米。

3◎六尺：约182厘米。

禁停下了脚步。和辻君[4]说："也许小堀远州正是考虑到了这样的光影效果才没有在障子下方加上木板。"

"应该是吧。"说罢，我陷入了沉思。

我们来到桂离宫的时间是1926年11月8日的下午3点。

当时，我先在脑海中对春夏秋冬四季的阳光进行了比较，随后又比较了上午和下午的太阳角度，之后还比较了晴天、阴天和雨天的日照状况，以及……

但想那么多又有什么意义呢？我们只需要知道，这个恐怕可以超乎所有美术家想象且极具独创性和魅力的精美图案正被描绘在这两面障子之上。于是我想到，这个图案的创造者不是小堀远州，就是可以让太阳转动的大自然。虽然那时我没能立即给出答案，但唯一可以确定的是，出现在我们面前的这幅图案的的确确是一件伟大的艺术品。

松琴亭坐落于两百米外、与书院隔泉相望的小山之上，在其凹间[5]之中，唐纸障子[6]上蓝色与白色的加贺奉书纸[7]

4◎和辻哲郎（1889—1960）：日本哲学家、伦理学家、文化史家和思想史家。著有《古寺巡礼》和《风土》等，其伦理学体系被称为和辻伦理学。

5◎凹间：又称床之间，是日式建筑里和室的一种装饰。在房间的一个角落做出一个内凹的小空间，主要由床柱、床框所构成。通常在其中会以挂轴、插花或盆景装饰。凹间和其中的摆饰是传统日本住宅内部必备的要素。

6◎唐纸障子：指木质框架两面糊上唐纸制作而成的横拉门。

7◎加贺奉书纸：由加贺国（石川县）的能美、石川和河北三郡所产的奉书纸。古代日本的文书和典籍多使用由楮树的树皮制作而成的楮纸，而奉书纸则是在楮纸中加入白土和白米的粉末抄制（将纸浆制成纸张的工艺工程）而成的特殊纸张。

组成了大大的市松模样[8]。尽管这一手法已经足够大胆奔放，但将变化万千的日光也用作装饰之一的手法无疑要更胜一筹，就算它仅适用于某个特定的时刻，我们也无法凭此断定它并非小堀远州的杰作。

——这个感想的寓意是，无论一个作品诞生于哪个时代，我们只有在亲眼看到它的那一瞬间才能感受到其艺术价值。

赏花亭

走出松琴亭后，我们一面俯瞰左手边萤谷的孟宗竹，一面沿着山路不断向上走，等来到月见台时，就能看到它的边上伫立着一座异样的亭子。如果我们称之为“赏花亭”，你应该很容易联想到它是桂离宫的景物，但据说在过去，它那青白相间的门帘上写有它原来的名字——龙田屋，曾经的赏花亭就是这样一座如同老驿站的茶馆般偏僻而略带俗气的建筑物。

后来它之所以被改名为赏花亭，据说是因为以前坐在这里可以透过庭木的树梢看到远处岚山的樱花。但非常遗憾的是，现在前方三御殿后边高大繁茂的树木已经完全阻

8◎市松模样：如同国际象棋棋盘一般的二色网格图案，而“市松模样”得名于江户歌舞伎演员佐野川市松在演出时所穿的带有白绀相间网格图案的裤裙。

断了我们的视野。

当我回到东京向谦斋先生提起此事时——“这可不仅仅是赏花亭的问题，那离宫里的所有树木都长得太高了。”先生说道，随后又向我讲述了赤松山赤松的例子。沿着池塘从书院走向松琴亭时，池塘左手边的丘陵就是赤松山。如今那里只有一棵如同鹤立鸡群般巍巍耸立的赤松，但以前丘陵上长着一片高度适中的茂密松林，据说掠过松林的风声加上流向池塘的水声听起来就同琴声一样。当我们来到赤松山下游的池边，澄清池水底部的川蜷等细长贝类生活在灰泥中四处留痕的姿态的确能给我们一种仿佛身临鹤汀凫渚般的心境，但这里非但没有本该有的松林，反倒只有一棵异常高大的赤松，从协调配合的角度上看，它的确显得有些突兀了。

据说这座由远州设计的庭园建造于1591年，距今约有300年，于是我便开始思考这座庭园在这约三个世纪的光阴里所发生过的变迁。一来在时间的作用下，树木既会长高，也终将枯萎。二来当树木长高时，自然有人负责修剪，而树木枯萎时也会有人负责重新播种。因为植物本身是有生命的，所以我们完全不能确定它们在经历了长年累月的变化之后还能在多大程度上保留设计者的初衷，而赏花亭不过是其中一个显著的实例罢了。谁又能保证今后不会再发生更为显著的变化呢?

位置固定的植物也是如此。以非静止的人类躯体为素材的舞台艺术也不例外，过去本应严格遵守的规范舞蹈动作也已经失去了其原有的内涵。而伎乐[9]早在千年之前就已经完全失传。舞乐[10]虽然至今还保留着其形式，但它只不过是一具没有灵魂的美丽尸骸罢了。能乐[11]虽然还在我们的掌心之中，但它也已经不是世阿弥[12]的能乐了。准确地说，它甚至不是能够取悦丰臣秀吉和德川家康的能乐。就连出现时间相对靠后的歌舞伎，在经历了元禄和化政时代之后，其原有内涵也已荡然无存。上述现象不仅存在于舞蹈和音乐方面，建筑、雕刻、绘画都受到时间变化的影响。所以我们大可不必为了区区桂离宫的变化而哀叹。

——寓意：艺术在其诞生之时最具活力。

9◎伎乐：日本传统演剧之一，据《日本书纪》记载，伎乐最初在推古天皇时代由百济人从中国南部的吴国传来，也被称为“吴乐”和“伎乐舞”，是吴国佛教文化传来的乐舞之一。

10◎舞乐：伴随舞蹈的雅乐，日本的舞乐多是对类似唐乐、林邑乐、度罗乐、高丽乐、新罗乐和百济乐等以中国为中心的舞乐群的汇总和整理，舞乐传到日本的时期大约在钦明天皇至推古天皇时代。

11◎能乐：日本的传统艺术技能，“能”（超自然题材、内容相对高尚）与“狂言”（现实题材，多为滑稽的模仿，在江户时代指代以演剧为首的整体艺能，最终歌舞伎也被定称为“狂言”）的总称，被指定为重要无形文化财产和世界非物质文化遗产。

12◎世阿弥（1363—1443）：室町时代初期的申乐（也称“猿乐”，能乐的前身，是由中国传来的伎乐和日本古老艺能在日本民间融合而成的滑稽搞笑的短剧）师，集其父观阿弥（观阿弥陀佛）之大成，写下了大量广为流传的申乐。

笑意轩

在庭园中逛了一圈之后，我们最后来到了一座名叫“笑意轩”的茶亭之前，据说它得名于“口之间”中充满笑意的圆窗。笑意轩的屋檐下方有一扇离地较远的长方形窗户，它那由竹子编织而成的网格骨架只完成了一半，剩下半边仍保留着未完成的模样。不过比起这看似独特的窗户，我更加在意位于笑意轩后窗之下的田地。这片田地是造庭师为了让公卿们能够欣赏田野风光，而特地在种满竹林的桂离宫留下的，不过它现在已经被收归国有。

说到这里，我便想起在我的朋友W君的家道尚未衰落之时，我曾受邀去他位于目白的庭园参观，其间我们还参观了据说是由前任主人T伯爵在担任宫内大臣[13]时利用皇家森林内的扁柏兴建而成的宏伟寝殿式建筑，不过我对其中的庭园更感兴趣。庭园中此起彼伏的广阔地形被利用得极为巧妙而自然，能给游客带来一种如同闯入树木森森的深山老林般的刺激感。园中的溪流蜿蜒曲折，鹿粪兔屎散落于花草之间。虽然这座庭园位于东京，但不管你朝哪儿看几乎都看不到任何人家，唯一能进入人们视野的只有隔壁无邻庵那隐没于树林之间的屋顶而已。庭园的地势向江户川的上游倾斜，若从江户川边的芭蕉庵向下望去，便能

13◎宫内大臣：宫内省（现宫内厅，主管皇宫事务）的最高级长官。

将早稻田田野的金黄穗波尽收眼底。而这一望无垠的田野还尽是W家的私人土地，据说这些土地是他为了防止田野中出现近来常见于东京郊外的如同火柴盒般的寒酸小屋而特地买下来的。

但W终究只是一介普通市民，后来当市营电车的路线即将进入早稻田时，比起稻田这一庭园眺望风景的第一要点，还是电力局的收买更让W无法抗拒。

——这个故事并没有什么特殊的寓意。

第三辑※旧事

耕地，以及有候鸟翱翔，被夕阳染红的天空。

能一如既往地包容我的，只有春天荫翳复杂的绵绵山峰、远近的森林、以缓缓起伏延伸至地平线的

庭园——芥川龙之介

十年的艰苦生活让他学会了放弃，
而放弃最终也为他带来了救赎。

上

这是一座位于旅馆的本阵——旧公卿中村家宅邸的庭园。

在明治维新后的十年间，这座庭园非常难得地保留了其旧时姿态。葫芦形的池塘清澈见底，人造山上的松枝微微垂下了头。栖鹤轩、洗心亭——这些赏庭用的四阿[1]也被完好地保留下来了。在池塘尽头的后山悬崖上，白花花的瀑布正奔流直下。而传闻中在和宫殿下[2]下嫁时获赐名的石灯笼至今仍然伫立在年年愈茂的山吹花丛中。但这一切都难以掩饰这座庭园的荒废感。尤其是早春——当庭园内外的树梢上生出嫩芽之时，我就越发觉得在这明媚的人工景色的背后，有一股令人坐立难安的野蛮之力正在悄悄地向我们逼近。

1◎四阿：也称东屋，以眺望庭园和休憩为目的而设置的简易小亭，阿意为屋脊，四阿即指四面都有攒尖的屋子。

2◎和宫亲子内亲王（1846—1877）：仁孝天皇第八皇女，桂宫淑子内亲王和孝明天皇的异母妹妹，明治天皇的姑姑。后下嫁德川家茂，史称和宫降嫁。

现已隐退的中村家性格豪迈的老主人总坐在主屋的暖桌前，与患有头疮的老妻时而下下围棋，时而玩玩花牌，过着无忧无虑的晚年生活。不过有时在连输了五六局之后，这位老主人还会闹起脾气来。继承了家业的大哥刚与堂姐结婚不久，二人一起住在由走廊连接的狭小别室里。大哥雅号文室，是一位脾气极为暴躁的男人，有病在身的妻子和弟弟们自不必说，就连老主人也惧他三分。只有当时借宿在此的乞食宗匠井月经常去找大哥玩乐。而不知怎么的，大哥也只有在面对井月时才会露出笑脸，并陪他喝酒，看他写句。大哥还有两个弟弟——二弟做了亲家米店的养子，三弟在五六里外的大型造酒屋工作。这二人好像相互打了招呼似的，很少回到这个家，三弟是因为本身工作的地方离家远，又与大哥不和，而二弟则是因为太过放荡，据说最近他连收养他的米店都不怎么回了。

在接下来的两三年里，庭园日渐荒废，池塘中浮起了南京藻，树林中也出现了不少枯木。没过多久，隐退的老主人就因脑溢血猝死在了一个旱魃为虐的夏天。据说在他死前的四五天，他喝着烧酒，看到一位身着白色装束的公卿在池塘对面洗心亭中进进出出——至少他的的确确在炎炎夏日中看到了如此幻影。老主人死后的第二年春末，二弟带着米店的存款和陪酒妇消失得无影无踪。同年秋天，大哥的妻子生下了一个早产儿。

父亲死后，大哥住进了主屋陪伴母亲。而后原先的别室便被租给了当地的一位小学校长。因为校长奉行福泽谕吉的功利主义，便时不时向大哥提议在庭园中种上一些果树。而后来到了春天，在我们所熟悉的松柳之间还冒出了争相绽放的桃花、杏花和李花。和大哥一同走在果园中时，校长有时还会称赞道："种了果树还能赏花，真是一举两得啊。"而人凿山、池塘和四阿也因此显得更不起眼了。除了原先自然的荒废之外，现在它们又多了一层人工的荒废。

这一年的秋天，后山发生了一场近来罕见的火灾。自此以后，原先在悬崖上飞泻而下的瀑布也彻底干涸，可谁曾想祸不单行，同年初雪之时，大哥又患上了痨症，也就是现在我们所说的肺结核。由于夜间睡不好觉，他的脾气也随之变得越来越差。第二年正月，在和回家探访的三弟发生激烈争吵后，他甚至将暖手用的火钵丢向了三弟。而三弟自那以后便一去不返，连兄长临终前也没有回来见他最后一面。一年多以后，在妻子的彻夜陪伴下，大哥在蚊帐中静静地停止了呼吸，临死前他还念叨着："青蛙可真热闹啊，井月在做什么呢？"而井月或许是厌倦了此处的风景，已经很久没有来讨食过了。

给大哥办完头七后，三弟与酒坊主人的幺女成了亲，又恰逢原先暂住于别室的小学校长要调职离开，于是三弟便和新娘一同搬进了别室，并在别室中新添了全黑的箪笥，挂上了红白相间的幕帘[3]。然而就在夫妇二人张罗新居之时，主屋的大嫂病倒了，她患上了和丈夫一样的病——肺结核。自母亲开始咯血之后，父亲留下的唯一血脉——廉一也被迫和祖母睡在一起。每晚在睡觉前，祖母都要用毛巾把头包住，但即便如此，夜深人静时老鼠也会顺着头疮的臭气向她靠近。当然，她也曾因为忘记裹上毛巾而遭受老鼠的叮咬。同年年末，在燃尽了最后一丝灯油之后，大嫂的生命之火终于悄悄熄灭了。而在为大嫂送完葬的第二天，人造山背后的栖鹤轩也被大雪压垮了。

当春天再次来临之时，庭中便只剩下浑浊池塘边的洗心亭以及杂木林的新芽了。

中

在一个被雪云笼罩的黄昏，与情人私奔了十年的二弟回到了父亲的家中。而这“父亲的家”事实上已经成为三弟的家，三弟的反应十分平淡，既不像生气也不像欣喜，仿佛无事发生过一样迎接了这位放荡的哥哥。

此后二弟便拖着病体来到了主屋的佛间，侧卧着身子，一动不动地守在被炉之前。由于佛间的大佛龛上摆着父亲和兄长的灵牌，他便将佛龛的木门关得死死的，以防这两

3◎红白幕帘多用于结婚仪式等庆祝活动中，此“红白”代表喜庆。

块灵牌进入他的视野。除了三餐之外，他几乎不跟母亲和弟弟弟媳打任何照面，唯独兄长的遗孤廉一会时不时跑到他的房间里玩耍。他会在廉一的纸石板上画出各种各样的大山和船只，有时还会用他歪歪扭扭的字迹写下曾经的歌谣——“对岸的小岛花盛开，茶屋的姐姐刚出来。”

又是一年春天，庭园中的草木吐出了嫩芽，贫瘠的桃李也不甘示弱地绽放出鲜花，就连水光浑浊的池塘也映出了洗心亭的影子。而二弟也一如既往地在佛间中闭门不出，即便在白天他也总是一副半睡半醒、昏昏沉沉的模样。突然有一天，他的耳边传来了三味线[4]的微弱声响，同时传入二弟耳中的，还有断断续续的歌声——“此次诹访之战，松本军的吉江大人……”侧卧着身子的此男稍稍抬起了头——这三味线与歌声毫无疑问来自茶室中的母亲。“是日华服披身，器宇轩昂。惊叹惊叹，好一副勇者模样……”不知是不是在哄孙子，母亲继续唱着大津绘节[5]的换词歌。不过这歌是那位性格豪迈的老主人从某位花魁那里学来的，二三十年前的流行歌。“伤痕累累万事休，奄奄一息到丰桥。一朝化作甘露去，万古青史把名留。”此时满面胡楂、萎靡不振的二弟的眼神里突然泛起了奇妙的光芒。

4◎三味线：日本的一种弦乐器。乐器由四角状的扁平木质板面蒙上皮制成，琴弦从头部一直延伸到尾部。通常会用银杏形的拨子来弹奏。

5◎大津绘节：幕府末期至明治初期的流行民谣，起初以大津绘的戏画为主题，后来随着大津绘节的流行，人们以其原谱作了大量换词歌。

两三天后，三弟在人造山的款冬丛中发现了正在挖土的哥哥。二弟正上气不接下气地挥动着锄头，他的样子虽然滑稽，但充满了全力以赴的干劲。

“兄长，请问你这是在做什么？”三弟叼着烟草，从背后向哥哥询问道。

“你问我？”二弟眯着眼睛，抬头看向弟弟，“我打算挖一条小渠。”

“挖小渠做什么？”

“我想让庭园变回它原有的样子。”

三弟笑了笑，再也没有问更多的问题。

二弟每天都带着锄头专心致志地挖着他的小渠，但这对身体虚弱的他来说并非一件易事。他的体力不够，再者他又不习惯这项工作，所以他经常在许多方面感到不便。他时不时会抛下锄头，像个死人似的躺在地上一动不动。无论何时，他的周围都只有在烈日下冒出腾腾热气的鲜花和嫩叶。但在静静地休息了几分钟后，他又会踉踉跄跄地站起身来，继续一个劲儿地挥动着锄头。

可是几天之后，庭园中仍然没有发生任何显著的变化。池塘边上依旧杂草丛生，树林里杂木的枝叶也依旧繁茂，尤其在果树的花朵凋谢之后，庭园给人的感觉甚至比以前还要荒芜。不仅如此，一家老小对二弟的工作也没有任何支持。好投机的三弟正埋头于大米市场和养蚕。三弟的妻子为二弟的病情而感到厌恶。母亲也……不过母亲更为他原先就病弱的身体感到担心。即便如此，二弟依旧顽固地不顾家人和自然的反对，一点一点地改变了庭园。

不久之后，在一个雨过天晴的上午，当二弟来到庭园中后，他发现廉一正蹲在垂有款冬叶的小渠边堆石头。

“叔叔。”廉一抬起头，满心欢喜地向他看去，“从今天开始我也要帮你的忙！”

“嗯，拜托你了。”二弟难得地流露出了爽朗的笑容。

此后，廉一每天都待在家里帮叔父造他的小渠。而为了犒慰自己的侄子，每当他们在林荫下休息时，二弟都会向廉一讲述关于大海、东京、铁路等各种廉一所不知道的事情。廉一一边啃着青梅，一边仿佛中了催眠术一样沉浸在叔父的故事中。

这一年的梅雨雨量很少，他们——一个上了年纪的老废人和小童子——不惧烈日的暴晒和草丛中的腾腾热气，或挖池塘或伐木地慢慢增加了一些新的工作内容。然而，尽管他们能够克服外部世界的障碍，但在面对内心世界的障碍时他们依旧束手无策。二弟几乎能够在幻觉中看到过去的庭园，但还不能具体到庭中树木的排布或道路的铺设方式等细微的部分。有时他会突然抛下工作，把锄头当成拐杖，呆呆地环顾四周。

“怎么了？”每当此时，廉一总会向叔父投去不安的眼神。

“这里原先是什么样的？”满头大汗的叔父总是踉踉跄

跄地自言自语道，“原先这棵枫树应该不在这里的。”

廉一不知所措，只能用满是泥土的手无奈地掐死几只蚂蚁。

内心世界的障碍远远不止于此。随着夏天气温升高，二弟也渐渐因为长时间的过度劳动而精神错乱了起来。有时他会将已经挖好的池子填平，或是在拔了松树的地方再种上松树。——类似这样的事情屡见不鲜。而最让廉一生气的，莫过于他为了做池塘的木桩而把水边的柳树砍掉的事情。

“这棵柳树可刚种没多久呢。”廉一生气地盯着叔父。

“是这样吗？我已经有点分不清什么是什么了。”叔父凝视着烈日下的池塘，眼里充满了忧郁的神情。

尽管如此，当秋天来临，庭园也在草木拥簇之中略微显得轻盈快活了些。当然要是和以前相比，现在这里既没了栖鹤轩，也没了飞流直下的瀑布水，准确地说，过去由著名造庭师所创造出的优美之趣早已消失殆尽了。但“庭园”尚未消失，池塘的水也再次清澈，倒映出了圆圆的人造山。而松树也再一次向洗心亭伸出了自己的树枝。但就在庭园的重建工作结束之后，二弟也从此一病不起。他不仅每日高烧不退，身体的各个关节也疼痛难忍。

“都怪你总是勉强自己。”二弟枕边的母亲总是反复念叨着同样的怨言。但二弟是幸福的，虽然庭园中还有几个想要修缮的地方，现在也只好放弃。总之他的一切付出都是值得的——这也是令他满意的地方。十年的艰苦生活让他学会了放弃，而放弃最终也为他带来了救赎。

在这个秋天的末尾，二弟悄无声息地离开了人世。后来是廉一发现了他的离世，他一边大声喊叫着，一边向由走廊连接的别室奔去。

“母亲您看，兄长正笑着呢。”三弟回过头来看向母亲。

“咦？今天佛龛的木门是敞开的。”三弟的妻子没有看向死者，反而更在意那大大的佛龛。

为叔父送葬之后，廉一经常独自坐在洗心亭里，同时怅然若失地望向眼前的一池秋水和池边的树木……

下

这是一座位于旅馆的本阵——旧公卿中村家宅邸的庭园。可就在它迎来复兴之后不到十年，这次整个中村家的宅邸都被拆毁了。在宅邸的遗迹上新建起了火车站，火车站的前面又多了几家小料理店。

此时的中村邸早已空无一人，母亲早在多年以前就离开人世，而三弟据说在生意失败之后去了大阪。

火车每天都在火车站又进又出。火车站的年轻站长正坐在一张大大的办公桌前，在闲暇之时，他或眺望远处连绵的青山，或和当地的职员互相交谈。但在他们的交谈中却从未出现过关于中村家的话题。他们万万不会想到自己

脚下的土地上曾经有过人造山或四阿吧。

话说回来，此时廉一正在东京赤坂的某家西洋画研究所里静静地面对着油画的画架。由天窗洒下的阳光，油画颜料的气味，以及扎着桃瓣发型的女模特——研究所的氛围和廉一的故乡没有任何联系。但当廉一挥动着油画棒时，他的心中时不时会浮现出一个寂寞老人的面庞。那位老人总会面露微笑，对疲于工作的廉一如此说道——

“你小时候帮过我，这次轮到我帮你了。”

…………

时至今日，廉一仍在贫苦之中坚持画着油画。但再也没人听说过三弟的下落。

喜悦的问候——

宫本百合子

像这类高效的空间利用的出发点究竟是什么呢？
想必一定不是对人情味的追求吧。

人类究竟需要多大的生活空间才能过上有人情味的幸福生活呢？而要想跟上社会前进的步伐、适应自然条件，让人类安稳地休憩和活动，我们又应该为自己的生活空间做好哪些准备呢？

从最早以前的穴居，到后来的城郭及其四周的小舍，都市中市民房屋的出现使我们的文化史发生了重大变化。随着这一变化的产生，“房屋建造者”一词所包含的社会意义也处在不断的变化和推移之中。在建造房屋的工作还是由“目不识丁的家畜”——奴隶来完成的时代，有名的筑城师出现了。此后，作为艺术家的名建筑家利用王侯贵族的名声、权力和金钱向世人展示了自己的技艺。当近代社会经济结构的基础得到了巩固之后，资本成为建筑的决定条件。建筑家们能够在多大程度上使自己的想象变为现实呢？在面对资本强力而无情的计划时，建筑家们能够做出多少普罗米修斯式的反抗呢？

比方说，曾经有一段时间，世人十分注重对住宅建筑空间的立体化，即空间的充分利用。我至今还能清楚地记得自己在芝加哥参观时所见到的某间公寓的景象。我先是敲了敲房门，当那奶油色的近代风格房门打开之后，只见一位夫人正坐在潇洒的布面椅上织着衣服，为我们打开房门的则是她的丈夫。

与我同行的芝加哥著名建筑家，在向房主解释来访的用意之后，这位略显富态、满面笑容的房主欣然招呼道："快请进，快请进。"说罢，他按了按房柱上的按钮，原本看起来像是镶嵌在墙壁中的镜面开始像巨大的贝壳一般向下缓缓张开，当镜面停止运动后，出现在我们眼前的是一张离地的双人床，床单、枕头和被子也被原封不动地固定在了床上，正当我惊叹于眼前的景象时，房主仿佛在表演有趣的魔术似的，再次按下了按钮，于是那庞大的双人床又慢慢地向上合起，变回了原先光滑的镜面。

"这可真是太方便了！"

我如同孩子般的感叹似乎让夫妻二人感到十分满足。

"是啊，多亏了它，内人的负担也着实减轻了不少。我想您也应该知道铺床是多么辛苦的一件事。"

而后，妻子又打开一扇壁橱门，向我们展示了洗手台的样子。在这样一个四面无窗、如同盒子一般的公寓里，电灯在正午时分闪闪发亮，只要稍微动一动手，就能完成各种准备工作，这是多么的高效啊。不过与此同时，它也有些过分狭窄了，比方说那张收放自如的双人床，当它被放下来之后，几乎就会把房间塞得满满的，连个看书的座位都没有。

在郑重地向房主表示感谢之后，我们便离开了，但一个深深的疑问依旧残留在我的心头——“人类家庭究竟需要多大的空间才能实现有人情味的生活呢？”

像这类高效的空间利用的出发点究竟是什么呢？想必一定不是对人情味的追求吧。因为地租是按照平面面积来计算的，所以聪明的公寓管理人们便想尽一切办法，试图以最小的面积获得最高效的空间利用。于是现代社会中数以万计的人们，就把这样的袖珍宿巢当作自己的家，过着局促而拘谨的大众生活。

日本人的家——被欧洲人称为由纸与木头做成的，贫弱、吝啬、在自然灾害面前不堪一击的日式房屋，不仅各自独立成栋，还面临着世界最新物理科学的破坏。印度人的小屋，中国最为进步的一代人，竟然还生活在古老大地的洞窟中。今天的地球充满了人类为了发展所面临的各种矛盾和摩擦，而这些矛盾和摩擦则恰好反映在人类的住房和建筑问题上。

日本的年轻建筑家们将会如何推进和解决这一人类所面临的挑战呢？要想真正让人民获得幸福和喜悦，建筑家们应当为建筑做好哪些准备呢？

很明显，“建筑家”的工作不仅仅是做木材、石头和泥土的设计图。

作为一个建筑家的女儿、一个作家、一个渴望人类幸福的女人，我愿为给历史带来新篇章的建筑工匠们的前途送上祝福。

父亲的笔记本——宫本百合子

我之所以能在自己贫瘠的知识中加入一点点关于建筑和美术的内容，
全都归功于上述以父亲的笔记本为中心的欢乐时光。

在所有建筑家里，父亲属于比较独特的一类人，他不喜欢泡在书斋中学习，而是喜欢根据各种必要条件，兼顾办公、家庭和兴趣等要素来设计人们的住宅，父亲的这一气质是设计师所特有的，同时，父亲也具有建筑家一丝不苟的性情，这也是为什么西洋有句谚语叫“不要跟律师、作家和建筑家结婚”。

不把工作带出事务所是父亲的原则。哪怕事务所的人因工作繁忙在夜里或大清早直接登门拜访，父亲也会以“我一向只在事务所处理工作上的事情”为由谢绝来访者们的请求。就算来访者们再三恳求说“只需要占用您一点时间”，父亲依然不会做出让步。后来由于不把工作带入私生活的习惯渐渐在社会中普及，清晨来访的不速之客也越来越少了。

每当父亲在傍晚提前回家时，我们一家人便会围坐在桌前一起享用晚餐，饭后再聊聊天、听听音乐，如果心情好，父亲还会模仿欧文[1]在伦敦扮演哈姆雷特的样子表演戏剧，令家中热闹不已。无论是说话还是发脾气，父亲总是非常闹

1◎亨利·欧文（1838—1905）：英国舞台剧演员，兰心剧院主管，后于1895年成为英国第一位获封骑士的演员。

腾，他的身上总有一股活力和多变性，同时又带有些许的感伤和平凡，对我而言，他是一位温暖而亲切的父亲。

自我9岁或10岁起的10年间，也就是我还和父亲住在一起的这段时间，每天早上在父亲出门前为父亲打点衣物便是最令我欢欣鼓舞的工作。父亲虽然不好追求时尚，但每天早晨在剃须时绝不含糊，衣领[2]也是每日一换，而我则负责将他那白色衬衫的袖扣扣上。在那个年代，人们还在以浆洗[3]的方式护理衣物，而非现在的柔顺剂，所以从西洋洗衣店送回的衣物都显得莹润而富有光泽。为了不在袖扣上留下手指的痕迹和防止袖口走形，年幼的我在替父亲扣袖扣时总是瞪大着双眼，生怕出一点差错。扣袖扣的工作结束之后，父亲就会戴上衣领，现在回想起来，那衣领也是硬邦邦的，亏得父亲每天都能将这硬得硌人的玩意儿戴在脖子上。双层衣领是父亲的最爱，在固定衣领时，父亲总会将两头尖且较长的备用扣镶嵌在衣领的纽扣上。待父亲固定好衣领，我便会将父亲平时必备的几样物品递交给他，比如扁平的金手表、钱包、手帕和普通的笔记本。

这个笔记本就像是陪伴了父亲一生的移动书房，或者，也可以称之为“秘书”。当父亲与人约好见面的时间后，就会从内口袋中取出笔记本，将具体时间和事项记录在上面。就连像“百合子，后天你要不要来事务所”“谢谢爸爸，我

2◎衣领：当时使用的是可拆卸式衣领。

3◎浆洗：指衣服洗净后，浸入稀面糊中浆平。

要来”这样平淡的父女间对话也会被记录在这本笔记本上。每当在丸之内仲大道附近发现心仪的陶器时，父亲就会把陶器所在的场所和发现陶器时的具体日期记录下来，有时他还会在笔记本上画上陶器的写生。

一天之内，父亲不知要掏出多少次笔记本，无论事情大小，他总要一一将其记录下来，也许是这样做能给他一种安全感吧。他对笔记本的依赖还体现在有时候如果不重新翻开笔记本审阅，就会将原先要做的事情忘得一干二净。曾经有一天，父亲早早回到家，乐呵呵地说道：“哎呀累死我了，还好今天下班早！”然后换上便装惬意地休息了起来，结果没过多久好像猛然想起了什么似的，让我给他拿来笔记本，没翻几页便面露难色，说道：“糟糕，今晚本来要去那里的！”“所以我才会再三提醒您回来之前要先确认一遍笔记本……”说着，母亲也过来给父亲打起了下手，最终将出门时间重新定在了第二天上午。

对我而言，父亲的笔记本的最大纪念意义在于它是父亲对自己工作之热爱的象征。晚上九点左右，我停下手头的功课准备小憩一段时间，刚走进厨房，就发现父亲正披着他那质素且不合身的棉袍坐在桌前，手里拿着铅笔，孜孜不倦地画着一个又一个细微的布局，看样子他正在拟定设计草案。而母亲则坐在父亲旁边，要么埋头于自己手头的工作，要么静静地读书。母亲虽然看得懂有趣的立体图，却无法领会平面图，虽然做了36年建筑师的妻子，但直到去世，母亲都没能搞懂平面图的意义。所以父亲画完图纸时总会把我叫到身边，逐一地对自己所描绘的平面图进行说明，还详细地介绍了每个方案的具体改良点。父亲那生动而逼真的遣词仿佛要带我走进图纸的世界，各种布局和设计都如现实般活灵活现地出现在我眼前。“当我们穿过这扇门走进庭园，映入眼帘的是满面青葱的草坪和一片玫瑰丛，坐在这个石椅上还能将小喷泉的洒水景象尽收眼底，这里的夏天一定十分凉爽。”——说完了屋内设计，这回父亲又讲起了庭园，仿佛他本人就在庭园中走动着似的。在这样的夜晚，父亲的眼里总是闪着金光，于是我也结合父亲的想象编织空想的羽翼，和父亲共同讨论人类和房屋的关系。“你们俩讨论的是什么云上的宫阙吗？我怎么听得云里雾里的。”母亲在一旁批评道。今天，我之所以能在自己贫瘠的知识中加入一点点关于建筑和美术的内容，全都归功于上述以父亲的笔记本为中心的欢乐时光。

迈入暮年之后，父亲在晚饭后打开笔记本的次数也渐渐少了起来。但这并不是因为他对工作的热爱消减了，而是因为他的工作量发生了变化。这使我的内心涌起了一股不可避免的强烈悲哀，同时也深切地感受到文学和建筑这两种工作在本质上所具有的差异。事务所开张时，父亲大约是四十一二岁，在接下来的20年里，女儿越来越热爱，并试图理解父亲作为建筑师的功绩，而父亲却因为事务所内部组织结构的分化，不再需要像原先那样从最开始的草图到详细的平面图都由自己来设计了。换句话说，虽然父亲的忙碌不减当年，精力也依旧充沛，但使他忙碌的内容已经发生了变化，那些设计方案有趣的成长过程出现在父亲笔记本上的次数也渐渐少了起来。

设计生涯69年，父亲一共使用过多少本笔记本呢？今天，当我在检查被放在餐厅角落的父亲生前使用过的书桌时，又发现了一本素描本形式的笔记本。翻开茶色的封面之后，只见深灰色的扉页上写着两行小小的钢笔字——

公开大学图书馆
发行东洋美术

在另一行还用铅笔写着“电灯，宜钨丝灯”，后面还记有诸如“木雕专卖店”“全套隔扇纸”等各种与建筑有关的专卖店名称和住所。这本看起来已有些年代的笔记本引起了我的好奇，在继续翻看的过程中，我发现方格纸的第一页上用英语写下了“1907年10月31日”的日期，在“横滨仓库”的标题下记载着——

填海立坪[4]　　2日元50钱
石工　　1.20

4◎一立坪：约为1.8米（6尺）的立方。

木工	1.00
劳工	60
仓库一坪（地下室及地层）	82日元

接下来，在小型住宅设计方案中间，还有“日记（共进会[5]）、1908.2.10”的字眼，下面记述了父亲前往文部省[6]，经久留课长的介绍与某位先生见面，并出差前往名古屋，后接受县政府委托，负责共进会建筑的设计，旅费和邮费也清楚地记录在案，看来当时四十出头的父亲还在文部省工作。

也许是因为当时混凝土建筑已经逐渐在日本开始普及了起来，这本笔记本上还有几处诸如“ (A) Depth of concrete. (B) Rough and ready rule for finding the depth of concrete.”的记述和带有数学公式的图解。

除了1900年巴黎世博会上的写生外，父亲的笔记本上还有许多由父亲自己尝试设计的纪念塔、钟楼、拱桥和音乐厅等建筑的素描，这些写生和素描都是为了给名古屋的共进会建筑做参考，其中最让我觉得有趣的则是父亲当时设计的撒拉逊式音乐厅草案。在建筑风格上，父亲重视西洋建筑的传统英国风，但在重视传统的同时，父亲也对南

5◎共进会：全称为“关西府县联合共进会”，是明治时代的地方博览会，第十届共进会的开办地点在爱知县名古屋市。
6◎文部省：过去存在于日本的行政机关之一，主管教育、文化和学术，后于2001年与科学技术厅合并成为文部科学省。

欧的风趣情有独钟，撒拉逊式蔓草纹和华丽的色调也都在他的涉猎范围内，我记得在和平博览会上，父亲就设计了一座撒拉逊风格的山顶音乐厅。作为自身灵感的发泄口，父亲曾将这音乐厅的设计图展示与我，想必建造这一音乐厅的愿望早在和平博览会召开的十几年前，就已悄悄地在父亲心中埋下了种子，再考虑到当时父亲还在文部省当着自己并无多大兴趣的小职员，这一不知能否变为现实的设计图看起来便更为亲切而可贵。

在此之后，便出现了大量的空白页。

不知翻了多久，才终于出现了三四个小型住宅的设计图，而在之后的几页则是我们万万不可错过的。在“明治四十一年二月”的日期后面，详细地记载着父亲初次在八重州町创办事务所前后的各项事宜，比如“我与曾祢达藏氏共于下记之处开办事务所，将应公私之委托，专心从事于建筑工事之设计监督，特此告知。敬上”。当这本笔记处在空白期时，正值41岁壮年的父亲心中必然经历了数不清的计划与决心吧。

事务所开张的喜悦和各种准备洋溢于字里行间，诸如要刊登在报纸上的广告、新闻标题、办理固定电话的手续、名片的草稿、事务所规章制度的底稿和各种会计事项……看过这些项目之后我们才知道，由于是对半出资，自己童年记忆中那座气派的红砖房事务所仅需要一人出1500日元便可开业了。每一张支票、每一次付款，都凝聚着父亲细致而实际的考量，事务所的设备也只有50张制图用纸、5把丁字尺、6把羽掸帚和1个时钟，它们生动淋漓地为我们展示出了一幅新时代的小型事务所景象。另外，我还在这值得纪念的笔记本上找到了几个事务所招牌的设计图，只有一个旁边写着“best”的方案最后被父亲采用，并被做成铜制招牌挂在事务所狭窄入口的左手边。

父亲建筑活动的自然消长也反映出了日俄战争后日本社会经济与文化的波动。

虽然曾祢先生是与父亲共同创办事务所的合作伙伴，但我总觉得先生与父亲在处理各种问题的方式上存在很大分歧。就我个人观察，曾祢先生似乎不会把家人叫到事务所。而父亲则不太一样，基本上每个星期六的下班时间，他都会把妻子和孩子叫到事务所，然后举家在当时比较洋气的中央亭共进晚餐。当时11岁左右的我要和母亲、弟弟们沿着事务所大道先走好长一段路，到了事务所之后，再踩上三层石阶，用力地拉动垂在眼前的门铃。当门铃发出清脆的响声之后，不久就会有穿着黑色防污外套的人来为我们打开房门。开门人有时是父亲，有时是打杂的老爷爷，偶尔还会是陌生的年轻人，所以每次拉门铃都让我感到新鲜而刺激。有一次等我们到了事务所时，除了曾祢先生以外的大部分人都已经回家——

“哟。”

曾祢先生将眼镜稍稍向下移了移，对我们打招呼道。

先生的样子自那时起就没发生过太大变化。而打杂的老爷爷则身穿条纹的简易和服，腰间挂着深蓝色的围裙。事务所内有地下室，蓝图[7]也被浸在了水里，旁边还堆着一个个箱子。这一切事物对我们来说都无比新鲜，周围的气氛又显得严肃而庄重，所以我们在事务所内表现得十分老实，除非父亲向我们搭话，否则我们孩子绝不会主动张口。而且，坐在办公桌前的父亲总有一种不同以往的紧张和威严感。

父亲这个时不时把妻儿叫来事务所，并和他们外出共进午餐或晚餐的习惯一直持续到了晚年。但在另一方面，父亲又十分抗拒公私混淆，他总是极力避免在工作中夹杂私情。身为家中长子的国男也从事着建筑工作，但父亲绝不会因为他是自己的儿子就在事务所中给他特殊待遇，反而待他十分严苛。而我，作为国男的姐姐，有时候也会希望父亲能够稍微抛开建筑家的矜持，以一个技术上的前辈，或是以父亲的身份来对待他。

直到1936年1月27日，也就是父亲突然去世的前三天，父亲依然坚持记着自己的笔记，恐怕那时连他自身都没有预想到那突如其来的变故吧。那时他的钢笔已经出了点问题，持笔时需要将笔尖调转到反方向才能写出字来，

7◎蓝图：工程制图的原图经过描图、晒图和熏图后生成的复制品，因为图纸是蓝色的，所以被称为“蓝图”。

而且令父亲感到惊讶的是，这样持笔反倒写起字来要更为顺畅，所以那段时间父亲的笔迹都纤细而带有些许锐气。笔记中写道，1月1日那一天，父亲和凛雅之助先生留宿于莲台寺温泉；1月7日，他和保科和宫岛先生一起在汤河原附近散步。父亲去世后，家中送来了当时三人的合影，看到父亲那仿佛鬼气上身的憔容悴貌，我不禁心头一震，我从未在他以前的任何照片中见过这样的景象。

不过，那时父亲并未察觉到发生在自己身体内部的严重变化。1月8日，他在日记中写道：

> a.m.8。寿江子[8]来电，欲来热海旅店游玩。答曰：欢迎。
>
> a.m.0。木村德卫氏来访，受《土佐××（二字不明）解说》一册。

> 10日，周五于9:25 p.m.离开热海前往宫之下，于富士屋旅店停宿一晚。

当天笔记本上还记有几个大大的铅笔字——

8◎寿江子：中条寿江，宫本百合子之妹，“寿江子”是父亲中条精一郎对其的爱称。

听说是热海旅店的供暖出了问题，所以父亲就带着妹妹去了宫之下。根据笔记本记载，11号，也就是到了宫之下的第二天，父亲又各在早上和中午有过一次血尿。这时父亲似乎开始察觉到自己身体的异样，用铅笔记录道：

> 乘发车于9a.m.之列车直接前往庆应医院办理住院手续。

一旁还记有用圆圈重点标出的“二楼、i病室、10号床”的字眼，同样也是用铅笔记录的。

K　O

——有时还会出现这样的字眼。除此之外，笔记本上还记录了父亲从12日至27日每天都要接受注射之事，于14日在X光下发现肾结石之事，于18日获得洗澡许可之事，21日则写道“A1众人在晚餐时送来汤水和果冻，我呈谢函以示感谢”，连给家人送去的金钱数额都详细地记录在案。27日，只有一些英文短句，由于字迹过于潦草，我也看不清父亲到底写了什么。

当我翻开另一本笔记本时，发现上面写有用片假名标有汉语读音的“中条精一郎（チョンチアンチン エ ラン）”，估计是父亲沉迷于中华文化时从别人那里学来的吧。

素朴的庭园——宫本百合子

春天到来后，

我们家的小庭园也迎来了花朵的芬芳，

当夕阳的残光照亮长空，

我的乡愁也愈加强烈。

我出生在东京，我的母亲也是一位纯粹的江户人，不过也许因为我的父亲来自北国，又或许是因为我从小就习惯了东北的天元风景，总之我的灵魂深处总有一股对自然的难以磨灭的乡愁。而且我所追求的并非南国的刺眼阳光，反倒是北国那通透明亮而清爽的春天、夏天和秋天让我有一种说不出的怀念。冬天肆虐的北风、曾几度将我绊倒的深雪和寒风掠过防雨窗时发出的声响虽然阴郁，但它们对我而言绝非不愉快的回忆。

春天到来后，我们家的小庭园也迎来了花朵的芬芳，当夕阳的残光照亮长空，我的乡愁也愈加强烈。我不止一次想要出门旅行，可惜这个愿望总因诸多缘由而没能实现，如果将来时机成熟，我一定要离开东京一次。

今天的气温同往年四月上旬一样温和，而多云的天气更让人想要打瞌睡。我坐在桌前，不知怎么的，对农村生活的怀念紧紧地揪住了我的胸口，儿时赤脚踩入农田时由脚底传来的感触现在似乎又在挠动我的肌肤。——那时候真是快乐极了。哪怕我光着脚跟在农夫后面走过了一块又一块农田，那位农夫也丝毫没有感到厌烦，反而非常写意地一边挥动锄头，一边与我说笑。就算我把头伸进别人的房子问这问那，也没有一个人会出来责备我的无礼。而现在哪怕在农村，我也很少能见到如以前一般大方的人了。能一如既往地包容我的，只有春天阴翳复杂的绵绵山峰、远近的森林、以缓缓起伏延伸至地平线的耕地，以及有候鸟翱翔，被夕阳染红的天空。

每当涌起对自然的憧憬之时，我都会以一种厌恶的心情看向眼前这片狭小的庭园。从因飞石而不得不缩小面积的由水泥围成的池塘到庭园的木门，这个庭园中充满了人工和非自然。而对传统日式庭园的模仿又使得它看起来更为寒酸。

我希望我们能够将自然的一部分原原本本地，或是稍作一些修改之后直接搬入庭园里。我们与其在狭小的都市空地上作一些实际自然中根本不存在的树木的排列、布局，不如想办法将我们在自然中偶然遇见的难忘风景再现于庭园之中。

茶道大师们一定能理解我的心情，但可悲的是，今天我们这些生活在东京的人只能在完全野生、无人打理的自然和令人作呕的庭园中做二选一，而就连前者都极少能为世人所见。

乔治·吉辛[1]一生饱受艰苦，就算在艺术家之中，他的生涯也绝对算不上光鲜亮丽，但他的作品中却充满了东方的静谧和敏感而腼腆的爱意。他曾在其著书《四季随笔》中提到过自己对庭园的喜好。我认为他的观点与我极为相似。

> 这位来为我挖庭园的善良男人似乎正在为我的特殊嗜好而感到困惑。我曾不止一次从他的眼神中看到了怪讶和怀疑的神色。理由很简单，因为我没有让他做一个常见的花坛，而是请他极为简单地为我打理一下屋前的狭小土地。
>
> 起初，他似乎认为这源自于我的吝啬。但现在他又发现这一解释并不正确。不过他无论如何也不愿相信，我会发自内心喜欢上这么一个令人耻笑的、单调而质朴的庭园。而我打从一开始就放弃了向他解释的念头。现在他大概已经根据我的大量藏书和孤独习惯判断是我的“理性”出了问题吧。
>
> 在庭园花卉中，我最爱极具古风的蔷薇、向日葵、花葵和百合，而且我想看到它们如同野生

1◎乔治·吉辛（1857—1903）：英国小说家、散文家，代表作有《新寒士街》《在流放中诞生》《四季随笔》。

的鲜花一般自由烂漫。我不喜欢整齐匀称的花坛，而花坛中的大部分花——往往是杂交品种，还会有一个十分唬人的名字——都会刺痛我的双眼。

第四辑※怀古

对人类工作的肯定，
同时也是否定。怀揣
着对自然的敬畏，我
静静地闭上了双眼。

在这样荒凉的场景中，人类转瞬即逝的成就显得一文不值，这是多么令人沉痛的景象啊。它是自然

上野——永井荷风

在樱花的众多种类之中，

我最喜欢枝垂樱身上带有的人工之美。

自关东大地震以后，上野公园的风貌每天都在发生着变化。人们先将山王台东侧悬崖上的树木烧毁殆尽，然后他们又削平了悬崖，把获得的石土通过水泥固定来拓宽山脚下的道路。所以我在广小路这边眺望对面的上野公园时，才发现公园入口的风景已经和过去发生了翻天覆地的变化。池之端仲町不忍池边小路上的柳树也都化作了灰烬，不忍池与道路之间的沟渠也被填平，变成了扩宽后的新街道的一部分。过去这条沟渠上有很多小桥，如月见桥和雪见桥，但现在这些昔日的场景只存在于小林清亲的风景版画之中了。

在小林清亲所画的版画中，当我们透过被白雪覆盖的芦苇望向如同湖心一点红的辩才天[1]祠堂时，可以发现一个与三味线艺人做伴的艺伎正在风雪中撑着伞走在柳树下的

1◎辩才天：古代印度婆罗门教、印度教之文艺女神。音译作萨啰萨伐底、娑罗室伐底，又作大辩天、大辩才天女、大辩才功德天、大圣辩才天神、妙音天、美音天，略称辩天。本为古印度的河神，在后婆罗门教与汉传佛教被认为是辩才和音乐神。有时也被认为是阎罗王的姐姐。根据《金光明最胜王经》卷七《大辩才天女品》所载，彼为八臂，手持弓、箭、刀、槊、斧、杵、铁轮、羂索等武器，脚下有猛兽。另一种形象是坐像，手持琵琶。

石桥上。这幅版画的制作日期应该是明治十二或十三年，当时池之端数寄屋町的艺伎与新柳二桥[2]的艺伎彼此间相互较量，且从未降低品致。因此，在这一时期描写上野风景的诗词散文中，几乎没有不提及数寄屋町妓院的，而小林清亲在不忍池雪景中加入艺伎也绝非偶然。

据看雨隐士[3]所著《东京地理沿革志》记载，上野公园应该建立于明治六年的某月。到了明治十年，全国首届内国劝业博览会也在这个公园举办。在记录了当时新上野公园状况的各式作品中，最值得一提的莫过于箕作秋坪[4]之戏著《小西湖佳话》。

箕作秋坪是兰学[5]之大家。他既担任过旧幕府时期开成所[6]的教官，也做过外交官的翻译，曾两次到访欧洲。明治维新之后他开办私塾为学生授课，后被提名为东京学士会院会员，同时也被任命为东京教育博物馆馆长及东京图书馆馆长，后于明治十九年十二月三日去世，享年63岁。秋坪从旧幕府时代开始就与成岛柳北交情甚好，其戏著《小

2◎新柳二桥：指明治时期东京的两大花街——新桥和柳桥，而新桥更是备受明治政府高官青睐，伊藤博文、板垣退助等都是其常客。

3◎看雨隐士：原名村田峰次郎，曾主修长州藩史，于1921年任明治维新史料编纂常任委员，号看雨。

4◎箕作秋坪（1825—1886）：江户时代末期至明治时代的洋学家、教育家和启蒙思想家。

5◎兰学：日本江户时代经荷兰人传入日本的学术、文化、技术的总称。由于日本开国之后进一步和世界各国建立外交关系，对外来文化的研究也渐渐从荷兰扩大至西方各国，所以“兰学”后来也渐渐被称为“洋学”。

6◎开成所：江户幕府的洋学教育研究机构，设立于1863年。

西湖佳话》也被连载于由成岛柳北担任编辑的《花月新志》上。《小西湖佳话》开篇首先介绍了上野公园的胜景，内容如下——

“忍之冈亘其东北，一山皆樱树，矗矗松杉交翠。不忍池匝其西南，满湖悉芙蓉，袅袅杨柳罩绿。云山烟水实占双美之地，风花雪月，优钟四时之胜，是为东京上野公园，其胜景既难多得。况此盛都在红尘之中，并具此秀灵之境，所谓锦上添花者，盖亦绝无仅有者。（中略）此岁官修此山水之一区以为公园。囿方数里，车马者，杖履者亦往。民偕乐之而不知其大。京中都人士行乐之地，实以此为最。”

据说上野的樱花是东京所有樱花中开得最早的，飞鸟山、隅田堤、御殿山等地的樱花都迟于上野樱花。对此《小西湖佳话》有：“东台一山皆樱树，其单瓣丹红，称彼岸樱者最多。古又尝云移植吉野山之种，每岁立春后五六旬为开花之候。”而在描绘樱花盛开时节风景时则有：“若夫盛花烂漫之候，则弥望全山恰是一团红云。春风骀荡，芳花缤纷。红霭拥崖，观音台正悬云外；彩霞掩波，不忍湖顿变水色。都人士女，倾堵联袂，黄尘一簇，云集群游，车马旁午，绮罗络绎。数骑骈衔，相话于鞍上而行者，是为洋客。龙蹄蹴沙，高盖四轮辗而去者，是为华族。女儿一群，红紫成队者乃歌舞教师之女弟子。雅人则拉红袖翠环，三五先后为伴，贵客则携孺人侍女一步二步相随。官员则黑帽银筇，书生则短衣高屐，军队则洋服阔步，文人则瓢酒逍遥。茶肆之婢女冶装妖饰，炫媚呼客。而于树下设露床，于花间展毡席，暖酒侑杯。游人呕哑歌吹，迟迟春日追兴尽欢，唯恨夕照西没，钟声报暮。”

除了上野之外，在与其相邻的谷中地区的大小寺院中和根津神社境内也有许多自古以来就饱受东京人喜爱的著名樱花树。斋藤月岑[7]的《东都岁时记》中记载，在谷中日暮里的养福寺、经王寺、大行寺、长久院、根津神社境内、谷中天王寺和瑞轮寺中都能看到著名的八重樱。

前年春天，当我去日暮里的经王寺为森春涛[8]扫墓时，发现其寺内有一棵老樱树，尽管树干只剩下半截却仍未枯死，不仅如此，在其纤细的嫩枝上还有新花绽放。另外，今年我去谷中瑞轮寺拜谒杉本樗园[9]墓时，尽管寺内的樱花已经凋谢，但寺外的几棵老樱花树却开得正旺，而且其树干也尤为粗壮，我心想这会不会是江户时代的遗产，便又呆站着瞻望了许久。同一天当我经过大行寺时，我还发现《东都岁时记》中提到的枝垂樱也依旧健在。在樱花的众多种类之中，我最喜欢枝垂樱身上带有的人工之美。

众所周知，谷中天王寺在明治七年之后成了东京市的

7◎斋藤月岑：名幸成，号月岑，江户时代的考证家，著有《江户名所图会》和《武江年表》等。

8◎森春涛：名鲁直，字希黄，号春涛、方天、古愚，江户末期至明治初期的诗人。

9◎杉本樗园（1770—1836）：字子敬，名良敬，号樗园，江户时代末期的幕府医官，幕府医学馆考证派的代表医师。

墓地。昔日墓地主干道两旁繁茂的古松老杉现在大多已经枯死，而古人诗赋中所描绘的樱树也基本上化为乌有。不知根津神社境内的樱花现在状况如何。

从庆应四年起至明治二十一年的21年间存在于根津神社正殿前的游女屋至今仍旧时不时出现在东京人饭后茶余的闲聊话题中。《小西湖佳话》曰："湖北之地，忍之冈与向之冈东西相对。其间一带成平坦，中有花柳一廓，曰根津，因地处神祠而得名。祠即根津神社，祠宇壮丽，祠边一区之地，为曙之里，名列林泉之胜。丘陵苑池，树石花草，巧成景致。而园中樱树踯躅最多，亦自游观行乐之地。祠前之通衢，八重垣町须贺町，是为花柳巷之丛。此地花柳巷，天保[10]以前尝一度开之，未几官下新令，命撤去之。安政中，北里罹灾，暂时设馆于此，至明治初年，官复许兴之。尔来至今日昌月盛。家家贮娉婷，户户养婀娜。红楼翠阁，屯一簇暖烟，今云妓院之数不下七八十户。"

前些年，我在坊间书肆中买到了《饶歌余谭》的手抄本。作者名一栏只写有苔城松子雁之戏稿，具体由几人编成则不得而知。不过这本书不仅介绍了明治十年平定西南战争后凯旋的兵士们在等待退伍命令期间暂居于谷中附近寺庙之事，连根津驹迁附近的街道状况也描绘得颇为精细，

10◎天保：日本年号之一，时间跨度为1830年至1844年，天保年间的天皇为仁孝天皇，幕府将军为德川家齐和德川家庆。

是帮助我们了解明治风俗史的重要资料之一。因当时只有少数文献详细记载了根津游廓的历史，所以这本书就显得尤为珍贵，在此我决定将《饶歌余谭》的一节摘录于此，但这绝不是为了给我的拙稿增加字数去获得更多的稿费，只不过在撰写本文介绍明治时期的东京时，我希望通过这些当时人们的著作能让各位更清晰地了解那个时代的东京风貌。

关于根津游廓，松子雁的《饶歌余谭》中有如下描写："根津之新花街方今属第四区六小区之地。三面浑负本乡驹笼谷中之阻台，南方劣抱莲池，尤僻陬之一小郭也。根津地方约莫东西不满二丁[11]，南北险余三丁，分之为七町，则曰七轩町、曰宫永町、曰八重垣町等俱皆郭外旧来之商坊。尔花街居其三分之一，为昔日根津神社境内之古久柳巷。卒当天保改革遭永久废弃。然犹以之为有缘之地，吉原[12]每罹回禄[13]之灾，权暂设店面于此，取一时之荣之事也有数回。其后至庆应年间，松叶屋之某者成魁主，遂禀旧府之许可，以同志相助，稍营二三之楼。其创立之妓院则曰松叶屋、曰大黑屋、曰小川屋（今改为东楼）、曰吉田屋（已倒闭，与现在之吉田屋相异）、曰金邑屋（后改为岩

11◎1丁约为109米。
12◎吉原：吉原游廓，江户幕府公认的游廓，曾因火灾而迁址。
13◎回禄：火灾。

村楼，又改为吉野屋)，其他局店[14]曰福长屋、曰惠比寿长屋等，各有三四户，徒不过此。然皇制之余泽浩浇于僻隅，维新以后渐次得其繁昌。乍岛原之妓楼遭废止，其人转于此地。及新旧互竞其荣誉，得一时腾腾好声。(中略)现在称大楼[15]者，今兹叙其二三，曰八幡楼、曰常盘楼、曰姿楼、曰三木楼等，此等最为出众。渐次序之者，则曰大矶屋、曰胜松叶、曰凑屋、曰林屋、曰新常盘屋、曰吉野屋、曰伊住屋、曰武藏屋、曰新丸屋、曰吉田屋等，极美也。其余或称小店、或号五轩、或呼局者曾不胜枚举。(中略)且茶屋又以曰梅本、家满喜、岩村者等为大优。其余曰大和屋、若松、桝三河者虽佥创立之旧家，亦杳劣之。而卷番、内艺者等艺伎则有小梅、才藏、松吉、梅吉、房吉、增吉、铃八、小胜、小蝶、小德等四十余名。其他尝当所之糟粕者，以酒店鱼商为首，下至浴楼、篦头所者可及一千余户。综此地之隆盛可反超旧址南浜新驿之景势。然若将其诸与吉原相比较，纵可谓大楼者亦不可及彼半篱[16]。其余自不必说矣。”

如上所述，根津游廓曾经盛极一时，但在明治二十一年六月三十日被下令拆毁，并搬迁至深川洲崎的一处填海而成的土地上。根津的妓院遗迹后来大多变成了商铺或旅

14◎局店：江户吉原游廓中最为下等的游廓。

15◎大楼：最高级的游女屋。

16◎半篱：次于大篱（吉原最高级的游女屋）的游女屋。

店，唯独八幡楼因其庭园正面向向之冈之阻崖，颇具幽邃之趣，于是后来的经营者便保留娼楼的原有样式，直接将其改装成了温泉旅馆。在那个年代，东京的所谓温泉旅馆并不是给旅客住宿的地方，而是供东京人喝酒聚会，或游冶郎暗地里带艺伎娼妇来玩乐的地方，凡是远离市中繁华街道的幽静地区，往往都会有这类温泉旅馆。比方说在驹迁追分有草津温泉，在根岸有志保原和伊香保这两家温泉料亭，在入谷有松源，在向岛秋叶神社境内有有马温泉，在水神有八百松，在木母寺境内有植半[17]。在出版于明治七年的《东京新繁昌记》中，著者服部抚松对东京的温泉做了以下叙述："近来处处又有开温泉场者，各诸州有名之温泉曰伊豆七汤、曰有马温泉……盖其或汲来汤花[18]，并将之调和于温泉。（中略）方今以开店于深川之仲街者为巨擘。（中略）演员泽村氏欲开新戏场而至今未成，故开温泉场以挽回仲街之衰势也。建筑之风如一妓楼，数小茶店与楼相接，各办酒肴，且蓄艺伎。亦无异于花街之茶店。此楼可浴可醉可睡，所谓凡人之快乐莫过于浴醉睡三字，新繁昌中之一洗旧汤亦一楼具三快者。"

17◎植半：植木屋半兵卫，料理茶屋，在浮世绘《江户高名会亭尽》中可以看到许多艺伎乘船前往该茶屋的风景。

18◎汤花：温泉中的沉淀物或附着物，主要由硫黄、钙、铝、铁和硅等元素组成。

在小说家坪内逍遥[19]的《当世书生气质》的第十四回中，就描写了明治十八九年的一位大学生带着娼妇来到本乡驹迂草津温泉的入浴光景，从中我们也能窥见当时东京风俗业的一隅。文中写道："草津温泉不仅名头响亮，它的臭气也尽为世人所知，而这臭气的源头，则在于其温泉中的草药。夏天人们来此地纳凉，秋天则在赏菊游山之后来此养生，虽然大多数时候这里生意兴隆，不过有时哪怕到了十月中旬团子坂的菊人偶[20]也尚未开园，因此草津温泉的生意也较为冷清，澡堂虽然还如往日般拥挤，但都是些老面孔，进客间的客人极为稀少。某天黎明，正当五六个女婢双手插胸，无所事事地等待客人到来之时，旅馆外嘎啦嘎啦的车轮声惹得她们一阵欢喜，这声音定是坐有二人的人力车，想必来者不是根津游廓的寻芳客就是头顶西洋高帽的达官贵人，女婢们一齐毫无保留地吆喝出憋在心中已久的'欢迎光临'，急忙上前迎客却又再度吃惊——男方竟是纯纯乡下书生。"

由根津娼楼八幡屋改装而成的温泉旅馆在明治三十年左右被称为紫明馆。我记得当时我跟押川春浪和井上唖唖

19◎坪内逍遥（1859—1935）：日本小说家、评论家、翻译家、剧作家。主要作为小说家活跃于明治时代，代表作有《小说神髓》《当世书生气质》和莎士比亚翻译全集。

20◎菊人偶：指头和四肢跟普通人偶一样，但身体由菊花制成的人偶。而团子坂则是其发源地，每年秋天在团子坂街道两侧都能看到许多摆有菊人偶的小屋。

这二位故友一起拉着外神田的女妓在紫明馆畅饮了一夜。当我们一行人乘坐四五辆人力车来到旅馆大门前时，馆内女婢出门迎接我们的光景恐怕和《当世书生气质》的叙述不会有太大出入。从根津神社前到不忍池北端的一片陋巷正是宫永町。在那个尚未铺设电车电路的年代，我十分钟情于这偏僻地区的风景，并曾将其记载于本人拙作《欢乐》中。

明治四十二三年，森鸥外先生先后写了《情欲生活》和《雁》这两篇小说以追忆自己的学生时代。《雁》的登场人物和其社会背景应该大致在明治十五六年，因为先生大学毕业的时间是明治十七年，所以《雁》和坪内逍遥的《当世书生气质》所描写的应该是同一个时代背景。小说《雁》描述一个大学生在傍晚不慎投石砸死池中之雁，并在夜色中进入池中携雁逃跑这一事件，以主人公与不等大学毕业就决定赶赴德国留学的挚友之间的谈话进行收尾。现在不忍池周围已成了肩摩毂击之地，所以你可能很难想象一个散步的书生敢在众目睽睽之下走进不忍池偷雁，但在当时，从根津到本乡一带的不忍池周边特别冷清，几乎无人通行。《雁》中关于雁的叙景文有："当时，从通往根津的小水渠到我们三人所在的岸边都生满了茂密的芦苇，越接近池心，那芦苇的枯叶也越渐稀疏，只剩枯莲如残衣褴褛般的黄叶和海绵般的莲蓬在池中星星点点，莲叶和莲蓬的茎大多已被压弯而耸成了锐角，为周围景物增添了少许荒凉之趣。这些沥青色枯茎之下的池水也显得暗淡而浑浊，池中约有十只雁子，有的正来回巡游，有的则一动不动。”

这个场景描述的应该是从池之端七轩町到茅町地区的不忍池及其池畔风景。作者在描述这个场景之前，先提到作中人物经过了福地樱痴[21]邸，而樱痴居士的宅邸则正在下谷茅町三丁目的十六号地。

当时樱痴居士在《东京日日新闻》上以“吾曹”之名发表政论，试图成为一代领袖。而在狭斜之巷中，人们则尊称他为“池之端御前”。即便在樱痴居士移居至木挽町合引桥之后，他在茅町的宅邸也依旧保留着原来的样子，所以我们才有幸一睹其风貌。不同于当今绅士们所喜好的宅邸，樱痴邸是简易的两层建筑，其门墙也丝毫不具威严，最多让人觉得这是富商的秘宅或普通的旅馆。

茅町湖畔背对本乡向之冈之丘阜，站在东面则能将不忍池和上野的风景尽收眼底，实为不可多得的风水宝地。然而据我的一位曾居住于此地的朋友说，这里土地阴湿，夏多蚊虫，而冬天湖上也没有遮挡物，只能任由东北风肆意作孽，因此甚是寒冷，非常不适合人类居住。

明治十六年左右，不忍池的周围被填平做成了赛马场。也有一说认为赛马场建成于明治十八年。中根淑[22]的《香

21◎福地樱痴（1841—1906）：江户末期至明治时代的政治评论家、剧作家、小说家，幕府旧臣。原名福地源一郎，号星泓、樱痴，以福地樱痴之名广为人知。

22◎中根淑（1839—1913）：江户末期至明治时代初期的汉学家、随笔家，名淑，字君艾。幼名造酒，号香亭。

亭雅谈》记载道:“今岁之春,都中贵绅相议环湖作斗马场,开工凿混沌,而旧时之风致全索[23]矣。”若依照序文所述,《香亭雅谈》应完成于癸未暮春(明治十六年),而依田学海则在卷尾的后记中称本书完成于明治十九年二月。

《香亭雅谈》中还列举了许多曾住在不忍池畔的江户文人,原文内容如下:“自古以来,言都中胜地者必先屈指于小西湖[24],以其有山水之观也。服部南郭、屋代轮池、清水泊洦、梁川星岩、深川永机等皆一度寄迹于湖上,尔来文人韵士居之者不鲜。”

根据服部南郭的文集记载,他住在不忍池畔的时间应是享保初年前后,只不过没过多久又先后移居至本乡和芝町。《南郭文集》初篇第四卷中载有两首描绘了筱池(不忍池)风景的即事诗,其中一篇写道:“一卧茅堂筱水阴,长裾休曳此萧森。连城报璞多时泣,通邑传书百岁心。向木林鸟无数黑,历年江树自然深。人情湖海空迢递,客迹天涯奈滞淫。”

屋代轮池即幕府将军之秘书、著名考证家屋代大郎。清水泊洦则是学者村田春海[25]的弟子清水浜臣,我只知道

23◎索:尽。

24◎小西湖:从江户末期至明治初期,日本诗人习惯将不忍池称为小西湖。

25◎村田春海(1746—1811):江户时代中后期的国学家、歌人,平氏出身,通称平四郎,字士观,号织锦斋。

这二人与大田南亩[26]处于同一时代，但尚未调查他们居住于不忍池畔的时期。俳谐师深川永机的事迹也不在我的了解范围内。另外，我在拙著《下谷丛话》中也已提到过，在天保十年夏至同年冬季的近半年时间里，诗人梁川星岩曾寓居于画家酒卷立兆位于不忍池畔的家中。

虽然《香亭雅谈》中并未提到此事，但服部南郭之弟子宫濑氏[27]（又名刘龙门）也在明和到安永年间居住于不忍池畔。此外，鄙稿《荤斋漫笔》[28]中还收录了大田南亩年轻时曾师从于刘龙门学习汉诗之事。

南郭龙门二人嫌“不忍池”三字不雅，便在其作中以“筱池”呼之。梁川星岩及其同社诗人先将其写作“莲塘”，又拟杭州西湖之名，称之为“小西湖”。比如梁川星岩在《不忍池十咏》中以霁雪作赋时就有：“天公调玉粉，装饰小西湖。”明治维新之后，梁川星岩之门徒横山湖山[29]也改姓小野，自老家近江来到东京，后于明治五年壬申之夏在不忍池畔建楼一栋，创办了一家新诗社。湖山以其维新之际奔走于国事之功劳而在太政官[30]获办事一职，但没

26◎大田南亩（1749—1823）：江户时代中后期的文人、狂歌（加入社会讽刺的谐谑短歌）师、幕府御用文官。名覃，字子耕，号南亩。

27◎宫濑龙门（1720—1771）：江户时代中期的儒者，诗人。名维翰，字文翼，号龙门。自称是东汉献帝之后人，以刘氏自居。

28◎《荤斋漫笔》：永井荷风自1925年开始连载的随笔集。

29◎小野湖山（1814—1910）：江户末期至明治时代的诗人，与大沼枕山和鲈松塘合称为明治三诗人。

30◎太政官：明治维新政府的最高行政机关。

过多久他就辞去了官职。其师星岩非常喜欢他在不忍池的雅宅，特作诗道：“莲塘欲继梁翁集，也是吾家消暑湾。”然而，不久之后湖山就在神田五轩町置办了新居。

据我所知，明治年间曾居于不忍池畔的名士除了上述的福地樱痴和小野湖山之外，便只有中井敬所[31]和箕作秋坪这两位篆刻家了。

以上就是我对明治年间上野公园的一些散乱见闻。明治年代的东京人在宽永寺的遗迹之上修建起了上野公园，并以之为观赏春花秋月、四季风光的胜地，有时人们会在这里接待外国贵宾，有时人们会在这里开办劝业博览会[32]等其他类型之集会，此习俗一直流传至今天。而上野公园也因此越来越俗气，以至于现在公园里只剩下废朽于病树之间的旧时庙宇和被人遗忘的博览会建筑物。就我个人而言，考虑到目前东京市的规模，上野公园已经有些过于狭小了。如果能将公园内除了帝室博物馆[33]和动物园的所有建筑同各种学校的宿舍一起移至公园之外的土地，再把谷中一带的土地纳入公园范围，保留其原有的寺院和墓地，再拆除市民的房屋，这样一来上野公园的规模或许也能变

31◎中井敬所（1831—1909）：明治时代的篆刻家，日本印章学的奠基人。名兼之，字资同，号敬所。

32◎内国劝业博览会：为了促进日本国内产业的发展、育成具有吸引力的出口商品，在明治时代开始的政府主导博览会。

33◎帝室博物馆：由宫内省管辖的博物馆的总称，其中京都帝室博物馆后归京都市管辖，改称为恩赐京都博物馆。东京、奈良的帝室博物馆后归文部省管辖，分别改组为东京国立博物馆和奈良国立博物馆。

得稍大一些。

直到明治三十年左右，从日暮里至道灌山一带的悬崖虽不在公园内，但其闲静也胜似公园。

明治十六年七月，上野公园内丘陵地区的东部山麓地区建起了一座火车站。在明治维新之前，现在建起火车站的地方原先是一排宽永寺末院的寺院建筑。在这里设立火车站和发车点无疑是导致上野公园风致受损的最大原因。上野的车站和仓库本该建于有水利之便的秋叶原，不过事到如今再做任何批判也无异于给死人医病，为时已晚。尽管自王权复辟已有六十余年，但东京这座城市连防火和卫生这类基础设施都未能完善，那我们又何必为区区公园闲地而再费口舌呢？

飞鸟寺——薄田泣堇

飞鸟寺令人愉快的地方在于，
曾经存在于此的美丽事物，
和毁灭这个美丽事物的人类的某种力量都在慢慢消失，
且不留任何痕迹。

等我抵达飞鸟乡时，秋已过半，四处的杂木林闪烁着金黄的光芒，荞麦的白色花瓣散落在门前的一片狭小农田里，纤细淡红的荞麦茎缩紧了身子，仿佛在秋风中瑟瑟发抖。飞鸟神社附近的树林稀疏闲散，只要我们稍稍踮起脚尖，就能看到不远处的耳成山仿佛正因寒冷而蜷缩着身子瘫倒在地的模样。

安居院[1]寒酸的屋顶上停着一只像是得了疟疾的乌鸦，它时不时会发出癫狂的叫声，然后神经兮兮地环顾四周。在正殿的入口处，一只瘦弱憔悴的野猫正十分邋遢地瘫在地上，悠然自得地享受着日光浴。方才一直能听到的候鸟如同口哨一般的咻咻叫声也在不知不觉中停了下来，取而代之的是一片死寂，就连散落在地的枯叶被风吹动的声音都能清晰地在我耳边回响……

我把身子倚靠在一块像是佛像底座的平坦大石上，静静地向四周望去。这里名义上是飞鸟皇宫和元兴寺的遗址，

1◎安居院：奈良飞鸟寺的正式名称，是苏我氏的氏寺——法兴寺的后身，寺内本尊（主佛）为飞鸟大佛。

但实际上四周除了半毁的钟楼和如同棚屋般简陋的正殿之外别无他物。荒废到这种地步之后，原先寺院那令人心驰神往的柔和古老的情调也已消失殆尽，不禁让人陷入对人与自然最终命运的沉思。

过去曾见证了此地之繁荣昌盛的人们所留下的艺术与信仰和由之后出现的破坏者们所带来的肆虐伤疤最终都化作了尘埃，它们的经历仿佛在告诉我们“人类的一切努力都是没有意义的”。飞鸟寺令人愉快的地方在于，曾经存在于此的美丽事物，和毁灭这个美丽事物的人类的某种力量都在慢慢消失，且不留任何痕迹。人们口中的飞鸟大佛，其实就是现在留存于安居院的丈六佛像[2]，你很难想象这样一座大佛是如何在不改变安居院结构的情况下被塞进去的，因此当时能工巧匠们的非凡技艺直到今天还在为人们所传唱。以当时的知识水平，恐怕在搬运过程中稍有差池就会功亏一篑，但古代人们却成功地完成了这样一个看似不可能的壮举，这着实叫人惊叹。假设人类努力的极致就是将不可能化作可能，那么狭小安居院内的丈六佛像无疑就是这个极致的象征。但今天它也已经变得面目全非，而过去人们努力的痕迹也早已消失不见了。在这样荒凉的场景中，人类转瞬即逝的成就显得一文不值，这是多么令人

2◎丈六佛像：佛像高度的标准之一，指立像高度为一丈六尺（约4.8米）的佛像。另外，因站立高度为一丈六尺，故坐像高度为八尺的坐佛像也被称为丈六佛像（如安居院中的飞鸟大佛）。

沉痛的景象啊。它是自然对人类工作的肯定，同时也是否定。怀揣着对自然的敬畏，我静静地闭上了双眼。

……在至今为止的人生旅途中，我似乎总像一个诗人一样将美丽鲜花的种子随身带在身边。碰到合适的土地之后，我就会在那里播下花种，有时也会让别人和我一起播种。但当这些种子在长成美丽的鲜花之后，又会有一些不明事理的群众和某些掌权者用他们的脏手把这些鲜花捏在手里，或折断它们柔软的花茎，或将它们狠狠地踩在地上，以至于地面都因蕊粉而微微泛黄。一想到这里，我就愤怒得简直要喘不过气来。

但令我感到幸福的是，和依附于深渊的藤蔓一样，我们种下的鲜花的花茎上也长着一只能够洞悉命运的眼睛。从这只眼睛散发出的静谧光芒中，我们甚至能够看到它自己正在慢慢消亡的身影。相比之下，那些曾经践踏过鲜花的鼠辈们就悲惨极了——他们的人生就像是一个巨大的胃一样，无论来者是谁，他们都只懂得一味地破坏，而真正作为养分吸收到自己身体里的部分确实少之又少。在将死之时，他们也恰好和绝食的巨胃症患者一样，坚持不了多久就会一命呜呼。想到这里，眼前的荒凉场景便让我感到无比温暖。

飞骅人的长相——

坂口安吾

木匠们的“不留名”说明了飞骅作为滋生艺术的土壤，是无比纯净的。

在日本，会让我想要四处走一走瞧一瞧的地方，首先要属飞骅。去飞骅最好选择气候宜人的五月，不过在“节日季”期间前往飞骅说不定也是不错的选择。京都是因为除了祇园的夏日祭之外，大多节日都集中在2月，所以有“节日季”的说法，但飞骅似乎并无此说法，因为当地节日的举办时间比较分散。

我之所以提出节日的话题，是因为在过节时有“开扉[1]”的说法，人们可以看到一些平时看不到的东西。而在飞骅这类东西特别多，尤其飞骅秘佛[2]的数量之多更是其他土地所无法比拟的。

自古以来，飞骅的木匠就被称作飞骅巧，他们既是木匠，同时也是制造佛像的佛师，更是栏间[3]的精巧制作者。

1◎开扉：指将平时秘藏在佛龛中，不公开的佛像在如节日的特定日子里展示给参拜者，因要打开佛龛门，故称之“开扉”。

2◎秘佛：出于信仰原因而不予公开的佛像，但会在特定的日子里以“开扉”的名义展示给参拜者，也有一部分秘佛是完全保密，决不允许公开的。

3◎栏间：出于采光、通风和装饰的目的，在天花板和门框之间设置的开口建材，这个开口建材可以是障子，也可以是镂空木雕。

类似玉虫厨子[4]这样的作品也有不少是出自他们之手，他们既是日本木造文化和木造艺术的源流，同时也是日本木造文化和木造艺术的完善者和传承者。

飞驒巧指的是飞驒的所有木匠，而非特定某个人的名字。自古以来，大和国的飞鸟古京，奈良的平城京和京都都离不开他们巧夺天工的精湛技艺。到了后来，在雕刻师中还出现了一个响亮的名字，叫作“左甚五郎[5]”，但这应该是飞驒甚五郎的音变[6]。而且这个左甚五郎也并非特定个人的名字，而是类似飞驒巧那样的，指代所有飞驒名匠的称呼。虽然在历史上名匠层出不穷，但唯独在飞驒木匠之中找不到一个留下特定名字的名匠，除了传说中最古老的佛师鞍作止利[7]之外，没有一个木匠在自己所作的佛像和建筑上署下自己的名字。也许是因为木匠在飞驒是一个极为普遍的职业，就像其他地方的百姓不会在茄子或萝卜上刻下自己的名字去充当什么茄子名人、萝卜名匠一样，飞驒的木匠们也根本没有想过要在自己的作品上留下名字吧。

4◎玉虫厨子：被收藏在法隆寺的飞鸟时代佛教工艺品，“厨子”指用来安置佛像的佛龛，而玉虫厨子的特殊之处则在于它再现了实际的佛堂建筑外观，是帮助人们了解古代日本建筑的重要遗产，之所以被冠以“玉虫”之名，是因为它在装饰时使用了玉虫（吉丁虫）的翅膀。

5◎左甚五郎：活跃在江户时代的传说雕刻师，由于其作品时间跨度长达三百余年，所以人们推测“左甚五郎”并非特定个人，而是各地名匠的代名词。

6◎在日语中，左读作“hidari”，在发音上与飞驒（hida）相似。

7◎鞍作止利：飞鸟时代的代表佛师，外来佛教徒司马达等之孙。

木匠们的“不留名”说明了飞弹作为滋生艺术的土壤，是无比纯净的。飞弹的木匠们总是在对工作的满足或不满中孜孜不倦地完成着自己的一个又一个作品，从作品中获得自我满足是他们的一大乐趣。当一个名匠在这样一个环境中成长起来之后，他的作品一定是“一尘不染的”。而飞弹现在正有不少这样的作品，且因作者无名，所以其作品之存在也鲜为人知。因为飞弹人觉得，既然作者的名字并非必要，那么其作品也不一定有必要为世人所知，或被供奉为国宝。因为这些佛像、木雕只不过是名匠们为了满足村镇的需要而制作出来的工艺品，所以飞弹人也不会为这些工艺品去过多地追求一些不必要的名誉。

因此，就连研究古董的专家们都不知道飞弹至今仍藏有各个时代的名匠之杰作，当然了，在去飞弹之前，我也和那些古董专家没有多大分别。所以在前往飞弹的时候，虽然一探飞弹木匠的究竟也在我的旅行目的之内，但我做梦也没有想到自己能够在飞弹见到他们鲜为人知的杰作。

一

到了奈良时代，我们才能在皇室的记录中发现飞弹的木匠作为奴隶受到正式的征用。但他们在更早之前就已经加入帝都的建设工作中了，只不过没有具体的文字记载罢了。尽管早在有文字记录的时代之前他们就已经开始了自己的木匠工作，但那时他们应该并非朝廷的征用工，因为日后进军大和飞鸟京，驱逐大和国王，平定中原的人，正是飞驒的国王，他既可以是大国主[8]，也可以是神武天皇[9]或崇神天皇[10]，说不定还可以是钦明天皇[11]。传说中的天照大神[12]似乎也与飞驒国王属同一血脉，这位女性首长与神功皇后[13]也被认为是同一人物，但她的存在本身似乎是人们通过推古女帝[14]和持统女帝[15]而拼凑出的一个神话分身，也就是说这位女性首长或女帝也是在消灭了同族的嫡流之后才平定天下的[16]。而这似乎就是当今皇室的起源，距今大约有一千三百多年，不过我认为皇室的始祖要么是天武持统夫妻，要么就是上一代的天智天皇[17]。

而被赶出大和的嫡流皇子在逃回故乡飞驒之后最终还

8◎大国主：日本神话中的神明，传说中由他建立起了日本国。

9◎神武天皇：《日本书纪》《古事记》中天照大神的五世孙，传说他东征大和国击败了大和的领导者长髄彦，以亩傍橿原宫（今奈良县橿原市）为都建立日本国，是为初代天皇。

10◎崇神天皇：日本的第10代天皇，被认为是可能实际存在的最早的一位天皇，也有人认为其与神武天皇为同一人物。

11◎钦明天皇：第29代天皇，也是第一位文献记载的可信度较高的天皇。

12◎天照大神：日本神话中的主神，统治高天原的主宰神，通常被认为是女神，《记纪》称天照大神同时具有太阳神和巫女的性质。

13◎神功皇后：第14代天皇仲哀天皇的皇后，应神天皇之母，在应神天皇即位之前作为皇太后总揽朝政约70年，真实性存疑。

14◎推古女帝：日本第33代天皇，也是历代天皇中最初（不包括神功皇后）的女性天皇。

15◎持统女帝：日本第41代天皇，天武天皇的皇后。

16◎仲哀天皇死后，神功皇后击败了起兵谋反的麛坂皇子和忍熊皇子。

17◎天智天皇：日本第38代天皇，持统天皇之父。

是战死沙场，这个嫡流皇子可以是大友皇子[18]，也可以是圣德太子[19]或太子的嫡长子山代王[20]，同时还可以是日本武尊[21]，另外在日本神话中也能找到许多皇子的分身，比如奉天照大神之命自高天原[22]下界劝大国主交出苇原中国[23]的天若日子[24]，他也因为在下界与大国主之女下照姬结缘而疏忽平定中原之任，最终被天照大神放箭射穿胸膛而死。天智天皇之前的天皇记和神话，其实是当时将嫡流赶入飞弹并将其消灭，最终平定大和中原的庶流为了隐瞒和正当化这一事实，而把同一人物或事件分散到各个时代后，编造出的从神话到约第30代天皇的漫长故事，并将其定为国史。所以解开古代史的谜团其实和侦探破案无异。就像杀人犯会用各种方式伪装自己一样，这最古老的国史也是通过各种伪装编造而成的，而解开古代史的谜团，就是要从史书中找到并看破其伪装和虚假的“不在场证明”，

18◎大友皇子：日本第39代天皇，后于壬申之乱中被皇弟大海人皇子（后来的天武天皇）所杀。

19◎圣德太子：飞鸟时代的皇族、政治家，用明天皇的第二皇子，“圣德太子”为后世之尊称。

20◎山代王：《上宫圣德法王帝说》中称其为厩户皇子（圣德太子）之子，后被表兄弟苏我入鹿所擒，全家上吊而亡。

21◎日本武尊：日本第12代天皇景行天皇之子，第14代天皇仲哀天皇之父，在《古事记》中被称为“倭建命”，在东征虾夷后返回倭国的途中病没。

22◎高天原：日本神话《日本书纪》和《古事记》中，由天照大神统治的天神所居住的地点。

23◎苇原中国：在日本神话中位于高天原和黄泉国之间的世界，也被称为中津国。

24◎天若日子：日本神话中负责劝说出云的大国主奉献国土的使者。

它和侦探的工作原则一样，不能依赖于不可靠的状况证据，而需要确确实实的物证。过去的史学家们轻信这些漏洞百出的伪装，并把它们视作真实的历史，而一旦出现与上述伪史相悖的史料时，他们会无端地将其斥为违背国史的伪书和伪作。

比方说在《万叶集》中，有诗歌描述一个人从都城到靠近美浓与尾张边境的泳宫与恋人相见时，需要翻越木曾和美浓的大山。像这样的走法是十分荒唐的，从大和飞鸟京走到泳宫可能要经过奈良、京都、伊贺或近江，但绝不可能要翻越美浓或木曾的大山，因为它们在相反方向。于是人们只会一笑置之，把它当作一首毫无地理常识的蠢诗，而不去深思其中可能存在的原因，这就是过去历史的存在方式。而这首诗之所以出现这样的“常识性错误”，其实是因为在天智天皇之前的时代，都城也曾位于飞骅或信浓。其他颠倒了地理位置或写着错误年号的各类蠢诗、蠢书或碑文也能印证这一观点。

因此，既然飞骅的国王进军大和飞鸟京，平定了中原，那么奈良时代之前，也就是在现存的国史被撰写之前，飞鸟京自然是由飞骅的木匠们修建起来的，而在飞骅迁都大和飞鸟京之前，原先作为首府的飞骅古都中也一定有出自飞骅木匠之手的宫殿、佛寺和日本最古老的佛像。

在飞骅国王进军大和之前，大和飞鸟京的国王是物部氏[25]，因为他们的故乡在四国，所以在被飞弹国王赶出飞鸟京之后，他们大多逃向四国、伊豆或东国[26]。将物部氏驱逐之后，飞弹朝廷的庶流又驱逐并消灭了嫡流，并再次拉拢物部族人，在国史中称其为功臣。所以到最后似乎只有飞弹人在此后很长的一段时间里都对大和朝廷抱有强烈敌意，让朝廷颇为头疼，同时也为朝廷所憎。对《记纪》的内容进行一系列推理之后，我们便不难发现这一秘密，同时，我已经在《周刊文春》九月刊的新日本地图中写下了详细的推理结果，将来我还会向各位展示更为严谨的推理过程，通过各类确凿的证据揭开这一被隐藏在骗局之下的真相。不过，我想这还需要很长一段时间。

尽管天武天皇和持统天皇都是出身自飞弹王朝的皇族，但由于他们杀死了嫡流皇子，并与故乡飞弹交恶，所以一时之间他们很难从飞弹请到木匠来帮助自己建设都城。此后他们费尽心思讨好飞弹居民，等到奈良时代末期才终于在飞弹设立了国司[27]，并开始征收赋税。

在建设平安京时，朝廷只从飞弹的木匠处收税，这也

25◎物部氏：大和国有力的贵族，据说祖先是比神武天皇还要更早一步入主大和的饶速日命。

26◎东国：日本在近代以前的一个地理概念，为大和朝廷对东海道铃鹿关、不破关以东地方称呼。东国的地域包括了关东地方、东海地方。

27◎国司：日本古代地方一级行政单位令制国的行政官僚，由朝廷派遣赴任，分为守、介、掾、目四等官。因为郡的官吏（郡司）通常是以当地有力豪族担任，所以中央设置国司以为管辖。国司于国衙执行政务，包含祭祀、行政、司法、军事都掌有大权。

许是因为飞骅地处山区，物资匮乏，而朝廷对飞骅木匠的需求又很大，每年都要从飞骅征用上百名木匠，除此之外朝廷也只会再征收一些供木匠们食用的大米罢了。

这些被朝廷征用的木匠们经常出逃，但这并不完全是出于过去的恩怨，从别国被征用而来的奴隶和杂工也经常逃跑，甚至那些被土地束缚的农民也会因为赋税过重而从国有领地逃往私有领地。木匠们也经常抛下建设都城的工作出逃，但由于逃往故乡只会被再次逮捕，所以他们的目的地多是私有领地。地方诸国的豪族[28]和神社、寺院都垂涎飞骅木匠们的手艺，所以会为其提供藏身之处，并予以厚待，让他们为己所用。

在奈良时代末、平安时代初，官方曾多次发布官文下令搜查和逮捕那些逃跑的木匠，而在承和年间的官文中，我们还能看到以下如通缉令上的注释一般的特殊描述——

“飞骅木匠之容貌和语言都与别国之人截然不同，无论他们如何改名换姓，伪装其出身，也无法骗过世人的眼睛。”

这样看来，飞骅王朝的祖先与飞骅木匠的祖先似乎并不属于同一人种。飞骅王朝的祖先是将乐浪文化留在朝鲜的族群，类似蒙古族的波西米亚人。他们总是在高原定居，骑着马在乘鞍岳和穗高连峰之间的安房峰或乘鞍岳与御岳

28◎豪族：指地方上有势力的世家大族。

之间的野麦峰如风一般驰骋，而当时其首长骑白马的传统似乎也保留到了当今皇室。我们通过古墓可以看出，尽管当时他们已经具有了高度发达的文明，但在居住方面，他们仍然会使用岩窟或移动式帐篷作为其居所，也就是说，他们的建筑文化是相对落后的。而且这一族群只会在山中找盐，看来他们并不知道盐是可以从海水中提取出来的。

也许教会他们木造建筑法的是另外一批人，而拥有木造建筑文化的木匠们只不过恰好也是飞骅原住民的其中一支，又或许这些木造建筑文化是他们从中国或朝鲜带到飞骅之后与当地文化融合的产物，具体的真相我们不得而知，但至少飞骅人与飞骅木匠在人种上是存在差异的。

飞骅木匠们的脸究竟是什么模样呢？官文中称其“容貌和语言都与别国之人截然不同”，不过这段官文也已经有千百年的历史了，现在飞骅木匠们的长相也会如过去一般与众不同吗？有许多飞骅人与朝廷为敌，后来逃散到全国各地，也有很多人从别国来到飞骅，并在这里定居，经过千百年的人种混合之后，飞骅人的长相可能也不再像以前那样独特了。

不过，在战争期间，我在东京的围棋馆认识一位出身自飞骅的名叫小笠原的老先生。他的脸上，尤其是上下眼睑、太阳穴以下和嘴唇两边都长着形似肉瘤的疙瘩，乍一看他脸的轮廓仿佛是由七八个疙瘩勾画而成的，然后在那七八个疙瘩之间有眼睛、鼻子和嘴巴，疙瘩与疙瘩之间还形成了沟壑，每个疙瘩都像是被烟熏过一样黑得发亮。

然后我又看了看以大家族制[29]而闻名的飞骅白川乡的照片，那里的老先生们脸上也一样长有疙瘩和由疙瘩形成的沟壑。于是我有了一个猜想，飞骅人的脸会不会就长这样呢？

据说，在古时候人们将“飞骅”和“美浓”共称为“美浓”。所以以前的美浓也包括了飞骅，飞骅也可以用来指代美浓整体，我所说的过去的飞骅王国指的也是包括美浓在内的飞骅王国。而且信浓也在这王国范围内，甚至可以说它是飞骅人的祖籍地。另外，越前的大野郡似乎也可以被包括在内。虽然现代人认为飞骅的古老都城应该在飞骅的高山和古川之间，不过在信浓的松本附近似乎也能发现飞骅的古都；而飞骅以南，以当今美浓武仪郡为中心的美浓各郡和伊那也能发现不少都城或国王的行宫，有的像是一位国王南下时顺路建起的行宫，有的则是其他国王的宫城。

当时，在今天的各务原就有入海口，所以从飞骅王举兵攻打大和飞鸟京之时，除了陆地行军之外，主力飞骅军

29◎大家族制：按照以往的单独继承制度，兄弟中除了嫡长子之外，次子季子要么需要找人收养，要么就只能选择终身不婚以获得自家抚养权，但在大家族制度下，虽然同样只有嫡长子能继承家产，但次子季子可以选择以“妻访婚”的方式结婚。妻访婚指夫妇二人虽然结婚，但各自每天依然在自家生活，只有晚上丈夫才会访问妻子，而夫妻间的孩子则由女方抚养，结果在这样的制度下，长子以外的兄弟也能结婚生子，因此家中的孩子便越来越多，最终成为一个“大家族”。

还会乘船从各务原附近出发，并于伊势熊野登陆。到达伊势熊野之后，他们会兵分两路，一路从伊势出发跨越铃鹿山脉，另一路从熊野转进吉野对大和国发起进攻。神武天皇的东征路径和之前平定大和的物部氏的东征路径以及飞弹王室进攻大和的路径似乎是一致的。在天智天皇以前的日本国史中的人物和事件是由史实中各个时代的人物和事件经过拼凑或肢解而编造出来的，所以史书中各个时代的特定个人或功绩都并不一定是实际存在的。当我们把这些相似的人物和事件放到一起平均一下，就会发现这一系列神话和国史所描述的不过是发生在那一百年间的各方的领土争夺战罢了。首先是从九州四国和中国方面发兵平定大和的饶速日命[30]一族的物部氏，然后是将物部氏赶回四国的飞弹王室，最后是将飞弹王室嫡流逼回飞弹并消灭的庶出天皇一族。撰写史书者用神话和长达三十代的天皇史来代替这段短暂的争夺战秘史，并将其中隐藏的史实巧妙地伪装了起来。

与朝廷为敌的飞弹人大多从信浓逃到了关东或东国，另外也有不少飞弹人从信浓的松本沿着犀川逃到了信浓川

30◎饶速日命：《日本书纪》中记录，在神武东征之前，天照大神授予十种神宝，饶速日命乘天磐船从天而降，到达河内国（今大阪府交野市），而后移居倭国（今奈良县）。故被认为是天津彦彦火琼琼杵尊传说之外可考究的天孙降临传说，同时也被日本的一些有力氏族，特别是信仰神道的氏族（如物部氏）当作祖神奉祀。同时他也被认为是在神武天皇到达倭前的守护神。

干流所在的出羽地区。我认为所谓平家的落败武士[31]其实也主要是这个时期飞弹的落败武士。据说飞弹的嫡流皇子或天皇在被杀害之后变成了一只白鸟，而飞弹国王似乎将其称为“白鹳”，时至今日，飞弹的旧都依旧留有“白鹳之丘”“白鹳之森”等地名，不过这白鹳的传说应该只保留在飞弹落败武士的部落中吧。白山神社和诹访神社中供奉的也是飞弹的神明，另外，八幡神似乎也是飞弹的神。虽然除此之外飞弹一族还信奉很多神明，但以上三位似乎是飞弹的主要土地守护神。飞弹本地最有名的神社是水无神社，神社内祭祀的貌似是失去人类之身后化作白鸟西去之人，而这人实际上就是葬身飞弹、头颅还被另外送往都城的飞弹王朝的最后一位嫡流皇子，我认为所谓的“水无神社”其实指的就是“身无神社[32]”。

在飞弹王朝嫡流被灭、庶流掌权的时代，其国史也在层层伪装之下变得扑朔迷离，不仅如此，恐怕当时的掌权者还将嫡流分割成若干人物，并把自己所犯下的恶行强加给其中的某个嫡流分身，比如说在史书中充当恶人角色的苏我氏[33]，或苏我氏的先祖武内宿祢[34]，这些其实都不是

31◎落败武士：指在战乱中落败逃亡的武士，在日本农村，曾经还有猎杀敌方落败武士的习俗。

32◎在日语中，水无和身无同音，都读作“minashi”。

33◎苏我氏：日本古坟时代至飞鸟时代权臣辈出的有力氏族。

34◎武内宿祢：在《日本书纪》中作武内宿祢，而在《古事记》中则作建内宿祢。“宿祢”为尊称，全名的含义是“勇猛的宿祢”，被认为是苏我氏等中央豪族的始祖。

实际存在的人物，而是拥有部分嫡流性质的分身，像武内宿祢就是神功皇后的丈夫——仲哀天皇的分身，而苏我马子[35]则是推古天皇的丈夫——敏达天皇的分身，其子孙苏我虾夷和苏我入鹿也不例外，尤其是苏我入鹿，史书中记载他杀死了圣德天皇的皇子，也就是飞弹王室的真正嫡流皇子山代王，将皇位据为己有，但我认为入鹿实际上也是一个虚构的人物，不仅如此，他还是山代王的分身，尽管史书记载他正是“杀害山代王”的凶手。

飞弹王室的最后一支嫡流——它既可以是入鹿，也可以是山代王，更可以是日本武尊和大友皇子——最终也被推举庶流女帝为军师的另一派阀所灭。这个推测与嫡流一方所造的法隆寺[36]中留下的《上宫圣德法王帝说》的记载有些出入。《上宫圣德法王帝说》中明确记载了苏我入鹿在杀害了山代王之后，取代他成为了天皇。这本书在部分方面提出了否定《记纪》的史实，并且明示了苏我入鹿天皇存在的真实性。那这是不是就说明苏我氏并非虚构，而是实际存在的武士家族？我认为这还有待商榷。

我认为这本书也未必能够反映真正的史实。这本书的作者，或者说这本书的注释者（不是平安时代末期的相庆

35◎苏我马子：飞鸟时代的政治家，是先后效忠于敏达天皇、用明天皇、崇峻天皇和推古天皇的四代老臣，苏我氏全盛期的构筑者。

36◎法隆寺：又称为斑鸠寺，是圣德太子于飞鸟时代建造的佛教木结构寺庙。

子，而是这本书完成之后立即为其添加注释之人）是知道真正的史实的。但为了顺应时代，作者在编纂此书时只是以当时天皇家所规定的国史《记纪》为基准记载了法隆寺的由来和圣德太子及其一族的简单历史。因为不能将当时支配者们所规定的国史完全推翻，所以作者只能在伪史的框架内对《记纪》的错误进行更正。

不过比起作者，那位注释者可就大胆多了（其实他们可能是同一人物），比方说，作者将藏于法隆寺的缝着绣帐之龟背上的文字录入书中之后，注释者加了一句意味深长的话：“这段文字的作者丝毫不了解实际情况。”而正如金堂中释迦牟尼像光背[37]上的文字所述，圣德太子的确死于其皇妃去世的后一天，也就是二月二十二日。不过龟背上则记载道：“圣德太子死于皇妃去世的下一天，即推古三十一年二月二十二日。”（这里记载的太子的殁年与《日本书纪》和《古事记》相同）

但据注释者所说，虽然释迦牟尼像光背上的文字记载太子死于皇妃去世的下一天，但并没有说他与皇妃死于同一年。也就是说，太子的确死于二月二十二日，但并非皇妃殁年的二月二十二日。

这本《上宫圣德法王帝说》中最重要、最值得注意的注释莫过于这句“巷宜，注，苏我也”，这个意味深长的注

37◎光背：又作后光、光焰。指佛、菩萨像背后之光相，象征佛、菩萨之智慧。

释似乎也在暗示着什么。我认为，这个部分在遵循《记纪》史实的同时，也在努力地暗示着一些极为重要的东西，而破解这一暗示的关键就隐藏在这个注释之中。同时它也是我开始怀疑日本历史的出发点，不过现在我还无法从这个暗示中得出直接的答案。

佛教是在钦明天皇时期传入日本的。这位钦明天皇及其后的五代飞驒王室嫡流虽然将皇居定于大和，但在飞驒（或现在的美浓）也建有居城或行宫。也许飞鸟寺也不在大和的飞鸟京，而在现在美浓的武仪郡呢。而圣德太子所建七大寺中的定额寺应该在美浓或伊那。传说中沉有物部守屋[38]所丢佛像的难波运河应该在美浓的武仪郡或稻叶郡附近，因为我觉得运河应该在靠近海的地方，而当时各务原正好还是入海口。顺带一提，现在那里还有叫作“南波”的地名。等日后集齐了完整的物证，我将在经过严谨推理的日本史中写下自己的详细推理结果。

推古天皇在小治田的宫城也应该读作“尾张田宫”，正如尾张田三字所示，这个宫城应该在靠近尾张国境的美浓地区。据说这个推古天皇的陵墓后来也从大野冈的山丘被移动到了位于科长的大陵墓中。“大野”指的应当是同时与飞驒、美浓和越前接壤的飞驒王国之重要据点——大野郡。

38◎物部守屋：与崇佛派的苏我氏不同，物部氏是强硬的废佛派，曾强烈反对试图信奉佛法的用明天皇，后在丁未之乱中为苏我氏阵营所诛。

推古天皇陵墓的搬迁也说明了当庶流皇族在大和飞鸟京巩固了自己的势力之后，为了书写自己的历史，他们会选择搬迁或新建皇陵和神社。所以比起大和的寺庙，飞驒和美浓寺庙的历史一定更为悠久。

飞驒王室嫡流死后，他们在飞驒的主要皇陵被洗劫一空，而被供奉在神社的神体和佛寺中的佛像则要么化作灰烬，要么遭人洗劫不知所终。但仍有一些被秘藏起来的东西幸免于难。尽管被烧毁的寺庙虽然已无重建之日，但我相信在一些无名的小堂中依旧留有一些秘密的佛像，不过我也没有十分的把握。

不过，由于这些事情是不能公开说的，所以我们无法通过文献来获知某寺某堂里有哪些古代文物。而过去不认庶流王室而与朝廷作对的飞驒人在经历了千百余年时间的洗礼之后，也已经将祖先的历史忘得一干二净了。

我没有太多奢求，只要能够看到飞驒人传闻中的特殊长相，我就心满意足了。

就这样，我带着这唯一的期待踏上了前往飞驒的旅途。

二

来到下吕之后，迎接我的是磅礴大雨和一片漆黑。告别了漫长的梅雨期，从昨天开始这里又下起了暴雨，附近山谷被雨水淹没，供电似乎也受到了影响，所以我到站之时正赶上大规模的停电。

此前我并未想到自己会在下吕度过此行的第一个夜晚，我原想去一个更不起眼的小村庄，找一家只有飞驒人才会留宿的旅馆，再用旅行初日时自己最敏锐的嗅觉去寻找古老飞驒人的长相和语言。

可那突降的大雨却扰乱了我的计划。据岐阜站车站的工作人员说，除了下吕之外，飞驒的其他小车站附近大概已经没有旅馆可住了。如果没有这不识趣的大雨，哪怕没有旅馆可住，我也可以随意找个民宅借宿，但雨既然已经下了，我也别无他法，只好乖乖选择在下吕下车。

在周六的这个时间段，旅馆大多已经满员，不过水明馆倒还有一间被人事先预约的空房，凑巧那位预约人貌似因为这暴雨而来不了，于是我便非常幸运地住进了这家旅馆。

此次旅行中，我只带了一本极其肤浅的通俗指南书，书名是《讲述飞驒》。后来我听说这本书的作者正是现已离世的水明馆先代掌柜，那位掌柜的夫人还找到我，说道：“我正为本地买不到这本书而发愁呢，没想到能这么巧碰见您。请问等您用完了之后，能把这本书借我一用么？我想再去印一份。”

“没问题。”我二话没说便答应了。不过自从弄丢了笔记本之后，这本指南就成了我的新笔记本，所以可能还得再用一段时间，不过也用不了多久。

听说这位水明馆的先代掌柜并非飞驒当地人，也许正因如此，他才会打起向外地人介绍飞驒的念头吧。而那些土生土长的飞驒人，似乎都没什么兴趣向别人介绍自己的故乡。

我在想，在飞驒的地方史学家中，会不会有人以飞驒的方式去研究飞驒的地方史。所谓飞驒的方式，就是指以流传在飞驒的传说为基准去研究飞驒王朝的历史，因为飞驒王朝本身作为日本国史之禁忌，其存在已经被完美地隐藏起来了。不过，以飞驒传说作为切入点的独特史学家似乎并不存在。而这位水明馆的先代掌柜，自然也不是这样的史学家，甚至连史学家都算不上，所以他写的不过是一些不着边际的通俗指南书罢了。

负责打扫我房间的两位女佣倒是土生土长的飞驒人。其中看起来年龄更大的那一位正带着一副我印象中的飞驒人的长相，她的脸似乎也是由几个硬邦邦的疙瘩拼凑出来的，这在其他地方相当少见。虽然此行中我也见到过三四个长相如此的男人，但长相如此的女人，我还是第一次见。

“曾经也有一位客人看着我的脸说这是飞驒人的长相。”女佣说道。看来除我之外，还有人也注意到了飞驒人的长相。

当我启程准备前往高山时，那位女佣还一路陪我走到车站为我送行。这天同样下着雨，她全程一言不发，静静地站在雨中直到火车发动，这让我感到一种仿佛正被飞弹这片土地送行的悠闲乡愁。

等我抵达高山之后，长濑旅馆的专车已经停在了车站门口，于是我立刻请他们载我在市内逛了一圈。

为了确认飞弹王朝的历史，我不得不去一些深山老林，每天都要起早出发，下雨天里更要苦费周折。总之这一回我打算先去国府遗迹和高山市内的神社瞧瞧。不过我要去看的并非被供奉在主庙的神，而是被藏在边边角的无人问津的小神，也许它们才是这片土地真正的神明。一般这类小庙堂都在神社背后的大山里，乍一看其外表与古墓并无多大区别。

据说高山一共有七部出租车和七位出租车司机，而我曾“劳烦”过其中的四位。因为无论刮风下雨，他们都要排除万难跟我一起从停车地点钻入山林里。前方无路之时，半山腰的树根和藤蔓就是我们唯一的帮手，其间我有好几次与死亡擦肩而过，后来甚至有一位司机被送去了医院。司机们的无私陪伴似乎是长濑旅馆出于我人身安全的考虑而做出的决定。

带我在高山市内兜风的司机有些奇怪，他时不时会在遗迹或神社以外我没有叫停的地方停车，然后告诉我“这里有佛像”“这里能看到仁王[39]”云云。也正是多亏了这位司机，我才有机会见识到飞弹木匠的杰作。而且，我怀疑就算我请其他精通地方史的文化人为我做导游，他们也未必能带我见识到这些飞弹木匠的杰作。为什么我会这样想呢？因为后来当我在山中攀岩时，不慎丢失了自己重要的笔记本，上面有许多我此行中的重要记录，于是为了还原这些记录，我便向了解这方面知识的当地文化人打听存有飞弹木匠杰作的大雄寺（读作大王寺）的仁王，可对方看起来却是一头雾水，仿佛对那仁王一无所知。但这并不是因为他们没有见识，而是因为当地人历来对飞弹木匠们的作品漠不关心，他们反倒对圆空[40]这个外地和尚的雕刻技艺赞赏有加。圆空是德川时代[41]的僧人，虽然其出生地不详，但可以肯定的是他并非飞弹人。住进千光寺[42]之后，他老实了许多，开始带着一把柴刀四处雕刻，在飞弹的各个寺庙里都留下了自己的作品，而飞弹人则认为这些作品是水平远超飞弹木匠的名作。

如果只是对本地木匠毫不关心倒也没什么大不了，因

39◎仁王：作为佛教的护法善神被安置在寺庙门口两侧的金刚力士。

40◎圆空（1632—1695）：江户时代前期的修验者（在山中徒步、修行的修验道之行者）、佛师、歌人，在日本各地留下了被称为“圆空佛”的独特木雕佛像。

41◎德川时代：指在德川幕府统治下的时期，即江户时代。

42◎千光寺：位于岐阜县高山市丹生川町下保的寺院，也被称作飞弹千光寺，寺内主佛为千手观世音菩萨，因寺内存有63座圆空所作之佛像，也被称为圆空佛之寺。

为这是他们的传统风气，但赞赏圆空的作品可就大错特错了。

因为时间关系，我能观赏到的飞弹木匠杰作数量非常有限，但我相信在飞弹的其他大小城镇里，还隐藏着更多不为人知的杰作。而在那些不为人知的秘佛之中，可能还有先于飞鸟时代的名匠之作。虽然我也想找一找这样的佛像，但由于我此行还有其他目的，时间极为有限，所以我只能在达成其他目的时顺道去看一看附近的佛像，但非常不巧的是，这些佛像要么大多已因兵火战乱而被烧毁殆尽，要么就是只有在特定日子才能公开的秘佛，所以我的收获几乎为零。

在我看过的佛像之中，要属国分寺的本尊——药师佛坐像（传闻由行基菩萨所作）和观音立像最为精美。而且同样身为国宝，唯独这两尊佛像和其他各地随处可见的被冠以行基之名的非美术品截然不同，由此可见它们其实应该是飞弹巧匠的杰作。

飞弹的国分寺建起不久后就被烧毁了，而寺内由行基菩萨所作的佛像自然也不能幸免于难，所以现在这座更小的国分寺里的药师坐佛像和观音立像，其实是从高山市的其他寺庙中拿过来的。

而这两尊佛像之所以能成为传世名作，正是因为飞弹人不留名的传统。

“真美啊。”

我不禁惊叹道。这两尊佛像就是那种会令看客入迷，并为其呐喊的佛像，它们既没有多余的故事，也没有需要由别人来填补的空白。制作这两尊佛像的飞弹名匠之所以能如此清心寡欲，是因为他们的创作只为满足自己，而他们的手艺也因他们纯洁的内心而变得炉火纯青，所以他们所作之佛像也是落落大方而一尘不染，让看客们除了着迷别无他法。

而圆空和尚的作品则远远达不到如此境界，他的水平和飞弹木匠们简直有着天壤之别。我在千光寺拜见了他的不少作品，虽然他也早已抛弃了世俗和名誉，但他的作品却充满了刻意的伪装，让我感到臭不可闻。其作品只不过是在表面上营造出一种抛弃世俗之人的寡淡无欲之风格，而其内核则尽是些低俗的欲望和故作姿态的虚荣。此外，其作品上多余且庸俗的各式说明文字同样让人目不忍睹。

而国分寺的观音像和药师佛像上则不存在任何一句用于补充作品的文字。这两尊沉默寡言的佛像既没有装饰自己的话语，也没有多余的观念，只要能让看客入迷，它们就心满意足了。

另外，在国分寺中还有两尊飞弹木匠的自雕像。其中一尊雕像带着乌帽子[43]，显然是飞弹木匠的自雕像，而另一尊雕像则为身披袈裟的僧人造型，平时被作为佛像使用，

43◎乌帽子：平安时代至近代和服的一种黑色礼帽，所以又名平安乌帽。

说是只要用手摸摸它就能包治百病。不过这尊雕像虽然身披袈裟，但它好像也是木匠的自雕像，要不然就只能是国分寺前几代住持的雕像了。

据说这两尊自雕像是足利时代的作品，其中那尊飞驒木匠的自雕像自然也还原了飞驒人的长相，它的脸果然也是由大大小小的疙瘩组成的。

在我见过的仁王像中，大雄寺山门的仁王像当属日本第一。

其体长约三尺五寸，因为这个山门本身就很不起眼，而寺庙更是寒酸而无趣。不过既然有了山门，那造仁王像也是理所应当的，所以飞驒木匠就在主人的叮嘱下，照着那不起眼的山门做了两尊小巧可人的仁王像。

其中一尊仁王像就像是在入场仪式上耀武扬威的半吊子横纲。一方面他大腹便便，乍一看好像有些吊儿郎当，但另一方面他昂首挺胸，双手紧绷的样子却也派头十足。

而另一尊仁王像，虽然横眉竖目凶煞无比，但不知怎么的，他看起来总有些上气不接下气，也许是上了年纪的缘故吧。不过尽管喘不上气，他还是面不改色地盯着我，仿佛在对我说："怎么样？就算上了年纪，老夫的迫力也不减当年吧？怎么的，你嫌我嘴巴张太开了？我不是告诉过你，我有些喘不过气来吗！"

据说这两尊仁王像完全不为外人所知，只有小部分飞驒人视为珍宝。而山面前的土地在过去则是供小孩玩乐的地方。

看着这两尊仁王像，我越发觉得他们与飞弹人的长相就像是一个模子里刻出来的，难怪我刚才总觉得这两张脸有些似曾相识呢。

没错，仁王像的长相的的确确就是飞弹人的长相。所以这样凶神恶煞的面孔并非佛师凭空创造，而是飞弹的木匠们在同行脸的基础上加了点恶相就变成了现在这副模样，然后它就在潜移默化中成了现在日本国内所有仁王像的原型。

我在飞弹的高山和其附近村庄时不时能碰到正在赶路的仁王大人。也有些仁王大人会在走廊上休息，并时不时转动他们大大的眼睛东瞅西瞅，不知是不是因为他们和大雄寺的仁王大人一样有些喘不过气来，总之他们总是把嘴巴张得大大的。另外，我还看过顶着草帽握着烟管从田野里走出来的仁王大人。

话说回来，和水明馆的女佣一样，国分寺的观音像也有一张满是疙瘩的脸。不过和男人不同的是，女人脸上的脂肪有时可以填补疙瘩之间形成的沟壑，所以这时候虽然佛像的脸上也长满疙瘩，但看起来依旧是圆润而光滑的。

在高山长濑旅馆的众女佣里，有一位老家是飞弹河合村的姑娘。传说鞍作止利[44]就出生在这个河合村内一个名叫月之濑的地方，而那位姑娘就出生在和月之濑只有一字之差的明之濑，她的脸和国分寺的药师一样，也是圆圆胖胖的。

“真是到处都有佛像啊。”

比起飞骅人的长相，这张圆滚滚的脸似乎更能作为被深雪覆盖的北国农村的代表面孔，不过说不定这个面孔最初也来自飞骅，但它现在已经成了日本的，尤其是农村姑娘的典型面孔之一。

曾经为我提供不少飞骅地方史料的田近书店老板提议让我去见见现代的飞骅木匠。我曾被不计其数的飞骅木匠之名作给深深打动过，如果有机会我自然非常乐意和他们见见面，但正如田近书店的老板所说，“现在这个时代飞骅木匠们的技艺已经不如从前”，飞骅木匠的技艺会随着时代的发展而产生波动，并非所有时代都会有名匠出现，而且哪怕有名匠出现，其数量也是相对稀少的。

我认为，就像飞骅的木匠们从不留名一样，我们不去考虑和特定的飞骅木匠见面，只欣赏其作品说不定才最契合飞骅木匠的本质，于是我便放弃了和飞骅木匠见面的想法。不过，我确实还有想要向他们打听的事情，但并非技

44◎鞍作止利：生卒年不详，飞鸟时代的和尚，是苏我马子与圣德太子的老师。其祖父司马达等是第一位将佛教带入日本的渡来人（对朝鲜、中国、越南等海外移民的代称）。

术方面的问题，而是飞弹人的长相，比如他们是否还记得飞弹人的长相，知不知道在哪里能够见到这样长相的飞弹人。就连飞弹一位一刀雕[45]的不倒翁，也带着一副飞弹人的长相，而非市面上常见的不倒翁长相，所以我还想问问飞弹的木匠们是遵照传统无意识地在作品上保留了这样的长相，还是说这些作品的长相其实是有原型的。我在想，如果能见到一个部落里的人全都带有飞弹人的长相，那该是多么有趣的一件事啊，但这就像对隐居之人的住处刨根问底一样，有些不识风情，所以我才打消了向飞弹木匠讨教飞弹人长相的想法。

说起那个带有飞弹人长相的不倒翁，其实当我在那家店里挑东西的时候，店铺里的小妹还一个劲儿地在我面前说其他店铺的坏话。比如说某某店铺是飞弹的耻辱，说它败坏了飞弹漆器的名声等等，总之尽是些叫人耳不忍闻的污言秽语，要是我搭理了她，恐怕她还能说上整整一天。虽然批评起别人来是滔滔不绝，但她塞给我的反倒尽是些会败坏名声的庸俗玩意儿。去杂货店的时候，我也经常会碰到说起别人坏话就没完没了的店家，而且就属这种店家最喜欢把低级的仿制品卖给客人。

45◎飞弹一位一刀雕：飞弹名物之一，为了保持木材的质地和手感，在雕刻时雕刻师不会为其添加任何颜色，主要木材是红豆杉，这种原料会随着年代而更具色泽和风味。一刀雕指经过粗略雕刻而成的雕刻物，因刀功大胆奔放，雕像一刀而成，故得名“一刀雕”。

飞弹的名作之所以没有多余的故事，跟飞弹木匠的“不模仿”有很大关系，我认为这也是飞弹木匠的品格之一。当然，飞弹的木匠中也有很多水平较低的木匠，而且毫无疑问的是，飞弹木匠中低水平木匠的数量一定多于名匠的数量。所以哪怕低水平的木匠有爱挑人毛病的习惯也算不上什么怪事。但如果你认为飞弹的木匠都是些名师名匠那就大错特错了，就好比方说继承了飞弹传统的器具或木雕等高山名物，以现代人的眼光来看，它们绝对称不上艺术品。而古老的飞弹巧匠之杰作和现在的飞弹名物的艺术性之间似乎也已经不存在任何关系了。

不过和其他地区不同的是，飞弹还留有一段“顽固”的历史。从最开始因不满庶流皇族掌权而向大和朝廷发起的抗争，到最后的梅村骚动[46]，飞弹人民曾发起过不计其数的顽固抗争运动。其顽固的风气既异常又独特，同时它也是做起事来一心一意的飞弹木匠们的良好品格。“顽固”甚至还有可能与飞弹人的长相也有些关系。不知是不是我的错觉，我总觉得飞弹人长着一只有别于飞弹王朝系统的，南方人特有的顽固鼻子。

总而言之，飞弹的确是一片奇妙的土地。只要你在这小小飞弹（包括美浓地区）山中的大小村庄里多加走动，就

46◎梅村骚动：保守的旧幕府民众因不满明治政府的激进改革而掀起的大规模骚动。

能发现许多连权威的美术爱好家和历史学家都没有见过的飞弹木匠之名作，而诞生于飞鸟时代或飞鸟时代之前的佛像也可能被藏在无名寺庙中而完全不为世人所知。也许只要找到了这些尘封于世的作品，我们就能揭开被伪装了一千三百余年的历史秘密，慢慢逼近历史的真相。

据说飞弹某些部落的人在过节时要在神灵面前小声地叙述自己祖先留下的传说，并且绝不能将其透露给其他人。如果可以，我希望他们也能把那个传说透露给我。飞弹既是唯一充满了各种秘密的地方，也是唯一未被历史学家们篡改过历史的地方。对我而言，飞弹则是一个令我感到无比怀念的地方，因为它是日本艺术的真正故乡，而且出于一些原因，直至今日飞弹都和被尘封在地底的古墓一样遭到史学家们的无视，以至于生活在飞弹的人们都快要变成古墓中的居民了。而我们能在这个古墓中挖掘出的东西也许并非木乃伊，而是各种鲜活的历史。

图书在版编目（CIP）数据

斜阳入庭时 /（日）伊东忠太等著；钟小源译. --长沙：湖南文艺出版社，2022.4

（日本美蕴精作选）

ISBN 978-7-5726-0244-3

Ⅰ. ①斜… Ⅱ. ①伊… ②钟… Ⅲ. ①建筑艺术—日本—通俗读物 Ⅳ. ①TU-863.13

中国版本图书馆CIP数据核字（2021）第125255号

斜阳入庭时

XIEYANG RU TINGSHI

作　　者：伊东忠太　室生犀星　芥川龙之介 等
译　　者：钟小源
出 版 人：曾赛丰
责任编辑：徐小芳
封面设计：八牛·设计 34508448@QQ.com 8NEW DESIGN
内文排版：M^OO Design
出版发行：湖南文艺出版社
（长沙市雨花区东二环一段508号 邮编：410014）
印　　刷：长沙超峰印刷有限公司
开　　本：880 mm × 1230 mm　1/32
印　　张：8
字　　数：147千字
版　　次：2022年4月第1版
印　　次：2022年4月第1次印刷
书　　号：ISBN 978-7-5726-0244-3
定　　价：48.80元
（如有印装质量问题，请直接与本社出版科联系调换）